소파: 개론 & 실습

소파: 개론 & 실습

2021년 4월 20일 1판 1쇄 발행

지은이 조숙경

펴낸이 김현표
본부장 최진선
편집 김지혜
디자인 박영롱

펴낸곳 **미진사**
주소 서울특별시 마포구 동교로 134 미진빌딩 7층
전화 02 - 336 - 6084
팩스 02 - 338 - 5391
이메일 mijinsa@mijinsa.com
홈페이지 www.mijinsa.com
등록번호 제2020 - 000032호

ISBN 978 - 89 - 408 - 0637 - 1 (93630)
값 18,000원

이 책은 재경가구산업㈜의 후원을 받아 제작되었습니다.

Introduction & Making Guide

SOFA

소파: 개론 & 실습

조숙경 지음

미진사

머리말

디지털 4차산업의 시작과 함께 새로운 주거문화의 대두로 인하여 가구산업 또한 변화하고 있다. 그 실례로 재택근무 등으로 각 개인주거에서 머무는 시간이 많아진 소비자들은 각자의 환경에 맞는 인테리어의 변화를 모색하고 있고, 그중 소파, 의자 등의 좌식가구류에 대한 관심과 구매가 증대하고 있다.

생활가구 중에서 소파류는 사람의 노동력을 많이 요하는 노동집약적 산업에 속하며, 입식생활에서 꼭 필요한 가구 중 하나로 인식되어가고 있다. 최근 독일 등 유럽 선진국에서는 소파산업을 국가산업으로 분류하여 적극적인 지원이 이루어지고 있으나, 현재 국내 상황은 아직 소파산업과 관련하여 체계적인 정보나 학문적인 자료 등이 거의 없는 실정이다.

이에 본 저자는 국내의 자코모소파회사와 공동으로 교재를 출간하게 되었다. 이 책은 2021년에 개교하는 자코모소파아카데미에서 소파 제작 훈련생 교재로 사용되며, 그 외 관련 업종 관계자를 위한 교재로도 유용하게 활용될 것으로 기대한다.

제1장부터 제3장까지는 소파에 대한 이론을 정리하고, 제4장에서는 실습 위주의 소파 제작 과정을 다루었다. 본 저자는 독일에서 5년간 디자인 공부를 마치고 귀국하여, 동일업종 회사와 대학 재직으로 쌓은 경험이 아직은 짧고 부족하지만, 이 책을 집필하기 위해 소파 장인들과 관

련 전문가들을 만나면서 소파에 대한 더 많은 지식을 쌓을 수 있었다. 따라서 이 책을 시작으로 한국 소파산업이 세계적인 수준으로 도약하는 계기가 마련되기를 바라며, 향후 본인도 소파 전문서적 저술 작업을 지속할 계획이다.

끝으로 이러한 꿈을 가능하도록 지원해주신 자코모소파(재경가구산업㈜) 박재식 회장님과 저술 작업에 협조해주신 관계자 여러분께 감사드리며, 소파의 세계에 입문하신 여러분의 앞날에 행복이 가득하기를 기원하는 바이다.

목차

제3장. 소파의 역사

제4장. 소파 실습

제1장 소파 개론

1. 소파 개요

1) 가구의 분류

가구家具란 집에서 사용하는 도구를 말하는데, 현대에 들어와서는 그 범위가 좁아졌다. 즉, 과거에는 전기를 사용하는 가전제품이 없었기 때문에 집 안에서 사용하는 거의 대부분의 도구를 지칭했다면, 현대에는 전기제품 또는 주방기구 등을 제외한 도구에 한정한다. 또한 실내뿐만 아니라 실외에서 사용하는 가구의 등장으로 그 범위가 더 넓어졌다. 즉, 가구란 실내와 실외에서 사용하는 도구로 물건을 수납하거나 걸터앉거나 눕고, 몸을 지지해주는 도구를 말한다. 동·서양에서 사용되는 가구의 사전적 정의를 살펴보면, 중국의 경우 넓은 의미로는 인류가 정상적인 생활을 유지하고 생산에 종사하거나 사회활동을 전개하는 데 있어 불가결한 가구를 일컫는다. 좁은 의미로는 생활과 일 혹은 사회적 활동에 있어 사람들이 앉고 눕거나 지탱하고 물품을 저장하는 가구를 가리킨다. 영어의 퍼니처Furniture는 탁자, 의자 혹은 침대처럼 방 안에 앉거나 눕거나 물건을 수납하는 데 사용되는 큰 물건을 의미한다. 독일어 뫼벨Möbel은 집기나 실내장식품을 말한다.◆

가구는 건물의 안과 밖에서 사용하는 여부에 따라 크게 실내가구

◆ 조숙경, 2015, 한국현대가구사, 기문당, pp13 ~ 14.

와 실외가구로 나뉘며, 실내가구는 다시 가정용, 사무용, 상업용 가구로 나뉜다. 실외가구는 정원에서 사용하는 정원가구와 공원이나 공공장소에 설치되어 불특정 다수가 사용하는 거리가구로 구분한다. 실내가구

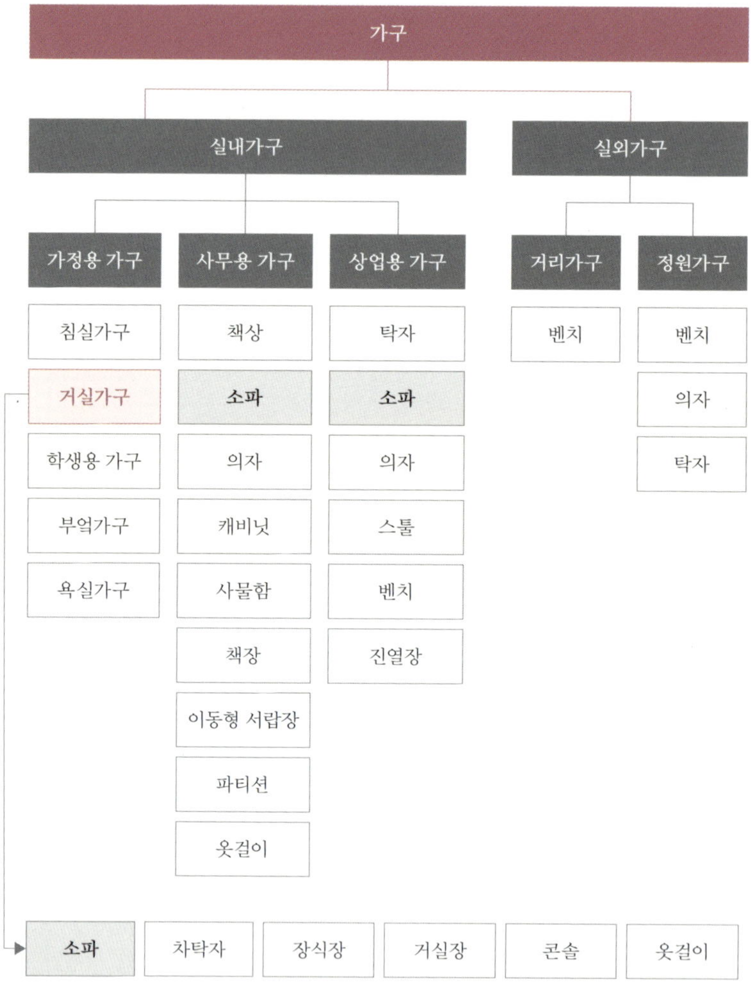

도 1.01 가구의 분류

중에서 가정용 가구는 목적에 따라 혼례용과 개비용으로 구분하고, 공간에 따라서는 침실가구, 거실가구, 학생용 가구, 부엌가구, 욕실가구로 세분화한다. 소파는 가정용, 사무용 그리고 상업용이 있으며, 가정용 가구 중에서는 거실가구에 속한다. (도 1.01)

2) 소파의 범위

① 소파의 정의

소파Sofa는 등받이와 팔걸이가 있는 길고 푹신한 의자로 2명 이상 앉을 수 있는 것을 말한다. 1830년경 좌판의 코일스프링Coil spring을 천으로 덮고, 단추로 잡아맨 형식의 소파가 출현하였다. 이때부터 발달하게 된 소파는 사용자의 안락함을 추구하면서 19세기 말부터 형식적인 긴 안락의자인 세티Settee를 대체하게 된다. 소파는 기원전 2000년경에 아랍어인 'Suffa수파'에서 유래했으며, 뜻은 '휴식용 벤치'이다. 당시에는 상류층만 사용할 수 있는 부의 상징물이었으며, 돌이나 흙으로 높게 다져진 돌출부 위에 담요나 카펫을 깔거나, 카펫이 깔린 바닥에 카펫을 돌돌 말아 높게 만들었다. 또한 여러 개의 쿠션을 배치하여 눕거나 기댈 수 있도록 끈으로 이어 만들어 사용한 것에서 시작되었다. 영어로는 카우치Couch라고도 하며, 이것은 프랑스어인 쿠쉬Coucher에서 유래한다.

소파는 규격에 따라 1인용, 2인용, 3인용으로 나뉘며, 세트로 묶여 개발된다. 다만 1인용 소파는 안락의자로 구분된다. 안락의자의 사전적 의미는 팔걸이가 있고, 앉는 자리를 푹신하게 하여 편안하게 기대어 앉도록 만든 의자를 말하므로 소파와 비슷하나, 소파가 긴 의자를 의미하는 반면에 안락의자는 1인용을 뜻한다는 점에서 다르다.

② 소파와 유사한 가구

○ 이지 체어 Easy Chair

소파형의 큰 안락의자를 말하며, 과거에는 연극이나 각종 무대에서 귀빈용으로 사용되었다. (도 1.02)

도 1.02 이지 체어, 1758년

○ 라운지 체어 Lounge Chair

19세기 중반에 나타난 안락의자의 하나로 이지 체어를 포함하여 이르는 말이다. 다리를 뻗고 길게 누울 수 있도록 되어 있는 것이 이지 체어와 다르며, 호텔과 휴게실 또는 오락실에서 휴식할 때 사용한다. 현대에는 해변이나 수영장에서 휴식을 취할 때 사용하기도 한다. (도 1.03)

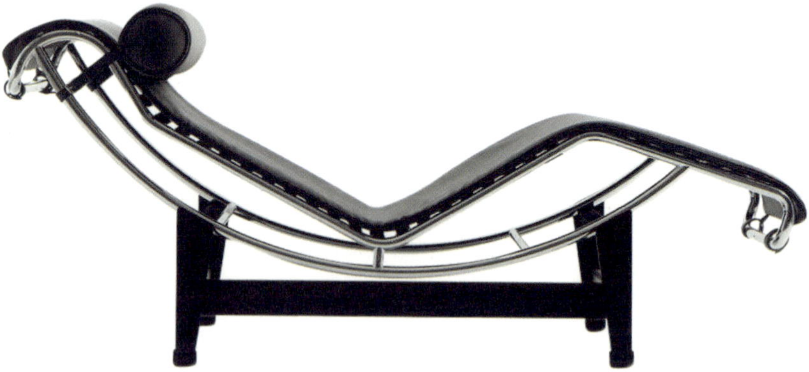

도 1.03 LC4 라운지 체어, 르코르뷔지에, 1928년

2. 소파의 종류

1) 재료별

① 목형소파

소파의 등받이, 팔걸이 또는 측면이 목재로 만들어진 것을 말하며, 주로 클래식한 디자인에 많다. 국내에선 1990년대까지 목형소파가 유행하였으며, 2000년대에 들어서면서 전피소파가 유행하게 된다. 목재가 밖으로 드러나는 만큼 질 좋은 원목을 사용해 나뭇결이 보이도록 하였으며, 고급 소파는 팔걸이 앞부분이나 등받이 윗부분에 사자와 같은 동물이나 식물의 모습을 조각하였다. 저렴한 목형소파는 다리와 팔걸이는 원목으로 하고, 잘 보이지 않는 측판과 뒤판은 합판을 사용한다. (도 1.04)

도 1.04 목형소파, 참솔가구, 2000년

② **전피소파**

소파의 다리 외에 모든 부분을 가죽이나 천으로 둘러싸 목재가 보이지 않도록 만든 소파를 말하며, 주로 모던한 디자인에 많다. 전체를 가죽으로 감싼 것은 가죽소파이며, 천으로 감싼 것은 천소파로 구분한다.

가죽소파는 다시 천연가죽소파와 인조가죽소파로 나뉘며, 가죽소파의 가격은 가죽의 품질과 소파디자인, 내장재 그리고 기술력에 의해 결정된다. 가죽소파는 일반적으로 마른걸레로 닦아주나 생우유를 천에 묻혀 닦아주면 윤기가 나고 수명이 길어진다. 가죽 전용 클리너를 사용하면 청결 유지는 물론 가죽 세균을 제거하는 데 도움이 된다. 또한 직사광선에 노출되면 가죽이 변색되고 굳어지므로 피하고, 습기가 많으면 곰팡이가 생기거나 가죽이 변질되므로 주의해야 한다.

천소파는 가죽에 비해 색상과 문양이 다양하다. 그러나 천이 오염되었을 때 바로 세탁할 수 있도록 탈부착이 가능한지를 확인하고 구매해야 한다. (도 1.05) 천소파에 얼룩이 지거나 오염되면 즉시 제거해야 하며, 직사광선에 노출되면 원단이 변색되므로 햇볕이 쬐는 곳에 두지 말아야 한다.

도 1.05 "인생", 천연가죽, 서비디자인, 조숙경, 2007년

2) 용도별

① 가정용 소파

가정에서 사용되는 소파는 주로 가족이 모여 휴식을 취하고 대화를 하는 거실에 위치한다. 또한 거실은 손님을 맞는 공간으로도 활용되는데, 소파에 앉아 차를 마시거나 담화를 즐긴다. 따라서 가정용 소파는 편안하고 아늑한 분위기를 연출할 수 있는 가죽이나 천소파가 많으며, 원목이 가미되어 자연미를 느낄 수 있다. 형태는 자유곡선이 많고, 색상도 화사하며, 안락감을 위해 쿠션감이 뛰어나도록 만들어진다.

② 사무용 소파

도 1.06 사무용 소파, 김포공항 VIP룸, 천과 호두나무, 조숙경, 2016년

사무용 소파는 개인이 휴식을 취하기보다는 회사에 손님이 방문할 경우 대화를 할 수 있는 중역실이나 사원들이 휴식하는 휴게실에서 사용

된다. 즉 사용자는 불특정 다수이며, 업무의 일환으로 사용되기 때문에 가정용보다는 직선적이며, 간결한 디자인이 대부분이다. 재료는 청결에 용이한 인조가죽이나 천을 사용하며, 색상은 많은 사람이 선호하고 오래 갈 수 있는 무난한 색이 많고 쿠션감은 가정용에 비해 딱딱한 편이다. (도 1.06)

③ 상업용 소파

도 1.07 카페 소파

상업용 소파는 주로 상품을 판매하는 매장이나 병원 그리고 카페 등에서 사용한다. 사무용보다 더 많은 불특정 다수가 사용하나, 같은 사람이 반복적으로 사용하지 않기 때문에 기억에 오래 남는 디자인과 색상이 많은 편이다. 장소의 콘셉트에 맞는 독특한 소파가 주문식으로 제작되기도 하며, 쿠션감은 사무용 소파와 같이 딱딱하고 형태는 직선적이다. 청결에 용이하고 가격이 저렴한 인조가죽소파가 많다. (도 1.07)

3) 규격별

소파를 배치할 때는 1인용 소파를 중심으로 좌우에 2인용과 3인용 소파를 마주 보게 하며, 그 사이에 차탁자를 놓는다. 따라서 기업에서 소파를 디자인할 때는 1인용·2인용·3인용을 세트로 묶어 디자인하며, 소파의 규격은 (표 1.01)과 같다.

	전체 규격(가로×세로×높이)	좌판 크기(가로×세로)	등받이 기울기
1인용	900×900×800	600×560	110~115°
2인용	1700×900×800	1200×560	
3인용	2000×900×800	1800×560	

표 1.01 소파의 규격(단위: mm)

① 1인용

1인용은 안락의자라고도 부르며, 2·3인용과 세트로 개발된다. 하지만 원룸과 같이 주거공간이 좁은 곳에 사는 소비자는 선호하지 않으며, 현대에 들어서는 등받이 각도가 조절되고, 발받침이 나오는 리클라이너 Recliner의 수요가 증가하고 있다. 그러나 하드웨어가 대부분 수입되고 있어 국내 개발이 필요한 부분이다. (도 1.08)

도 1.08 1인용 소파, 조숙경, 2020년

② 2인용

도 1.09 4인용 소파

거실이 클 경우 1·2·3인용을 풀세트로 배치하나, 일반적으로는 효율성이 떨어져 생산 및 판매가 적다. 초기에는 2인용 소파 두 개를 나란히 붙여 4인용으로 사용하는 것을 선호하여 주로 한쪽 팔걸이가 없는 2인용 소파가 생산되었다. 그러나 4인용 소파의 수요가 점차 늘어나자 바닥방석을 지지하는 소파 틀은 반으로 나누어 만들고, 그 위에 한 덩어리로 된 4인용 바닥방석을 올려두는 구조로 바뀌어 생산되고 있다. (도 1.09)

③ 3인용

도 1.10 3인용 소파

시대를 막론하고 일반적으로 소비자가 가장 선호하는 규격으로, 원룸과 같은 작은 공간부터 다양한 크기의 거실에서 사용되고 있다. 바닥방석이 하나나 두 개 또는 세 개로 나뉘어 있다. (도 1.10)

4) 기타

① 소파 베드 Sofa Bed

도 1.11 소파 베드

침대 겸용 소파를 말하며, 데이베드DayBed라고도 한다. 낮에는 소파로 사용하다가 밤에는 팔걸이와 등받이를 펴서 침대로 사용할 수 있으며, 소파의 바닥방석 아랫부분에서 매트가 나와 확장되는 경우도 있다. 공간이 좁은 원룸이나 기숙사에서 주로 사용한다. 고도의 하드웨어 기술력이 뒷받침되어야 하므로 독일, 이탈리아 등 선진국을 중심으로 발달하였으며, 우리나라는 수입에 의존하고 있다. (도 1.11)

② 모듈 소파 Modular Sofa

도 1.12 모듈 소파

여러 개의 조각으로 나뉘어 있어 다양한 형태로 조합이 가능하며, 낱개로도 사용할 수 있는 소파이다. 주로 호텔이나 병원 그리고 도서관 로비 같이 불특정 다수가 사용하는 넓은 공간에 배치한다. 공간의 크기와 용도에 따라 소파의 위치를 변형할 수 있는 것이 장점인 모듈 소파는 현대에 들어서 젊은 층을 중심으로 확산되고 있는 추세이다. (도 1.12)

3. 소파의 구조

소파는 인체의 하중을 지탱해주는 소파 틀과 바닥방석, 등방석 그리고 팔걸이로 구성된다.

1) 소파 틀

바닥방석이 내려앉거나 등방석이 뒤로 밀려나지 않도록 지지하며, 인체의 무게를 지탱하는 역할을 한다. 또한 소파의 기본적인 형태를 유지해야 하므로 대부분 단단한 합판, 원목 등의 목재를 비롯해 금속으로도 만든다. 전피소파의 경우는 소파 틀이 밖으로 드러나지 않기 때문에 여기에 사용되는 목재는 외관과 상관없이 견고한 것이 좋다.

2) 벨트

바닥방석이나 등방석에 쿠션감을 주기 위하여 목재 틀에 얇고 탄력 있는 고무 밴드를 고정한다. 고무 밴드의 폭은 다양하나, 소파에는 주로 50mm를 사용한다.

3) S스프링

금속으로 된 스프링으로 바닥방석이나 등방석에 푹신한 착석감을 주기 위해 목재 틀에 고정하는데, 경우에 따라서 고무 벨트와 함께 사용한다.

4) 하드보드지

목재 틀과 폼 사이에 위치하여 폼이 목재 틀이나 벨트 그리고 S스프링과 같은 단단한 재료와의 마찰로 인해 파손되는 것을 방지한다. 또한 울퉁불퉁한 목재 틀의 형태를 매끄럽게 잡아주어 폼이 잘 부착될 수 있도록 도와준다. 하드보드지는 소파 사용 시 소리가 나서 현대에는 주로 천을 부착한다. (도 1.13)

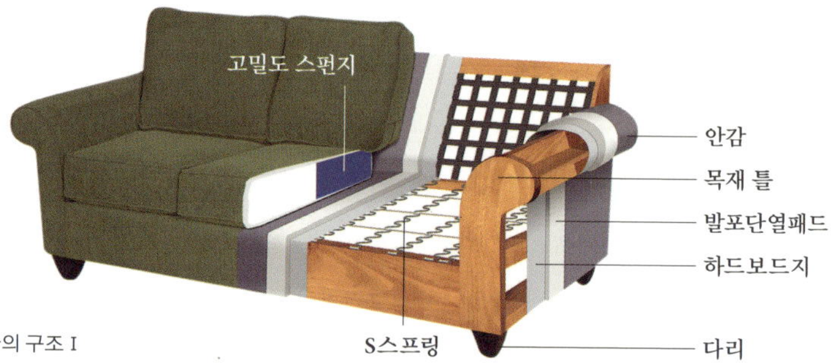

도 1.13 소파의 구조 I

5) 폼

소파 사용 시 인체가 딱딱한 목재 틀에 부딪혔을 때 상처가 나지 않게 하고, 쿠션감을 주기 위해 하드보드지나 천 위에 폼을 부착한다.

6) 안감

폼 위에 천을 부착하는데, 특히 가죽소파의 경우 밖으로 드러나지 않는 부분은 재료비 절감을 위해 천으로 마감한다.

7) 겉감

안감을 감싸고 있으며, 밖으로 드러나는 외장재로 가죽이나 천이 사용된다.

8) 다리

소파의 다리에는 하중을 견딜 수 있는 금속이나 원목이 주로 사용된다. (도 1.14)

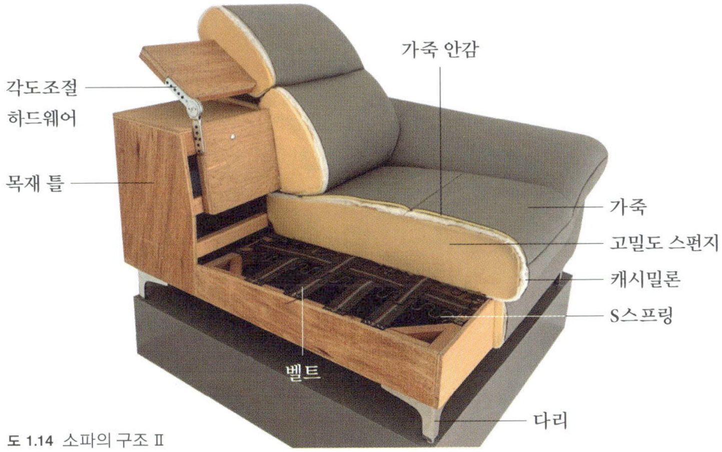

도 1.14 소파의 구조 Ⅱ

4. 소파의 개발 과정

소파 신제품 개발 과정은 디자인 개발 과정과 동일하며, 크게 3단계로 나뉜다. 세부적으로는 (도 1.15)와 같이 5단계로 나뉘며, 단계마다 문제점이 발생하면 이전 단계로 돌아가 문제를 해결해야 한다.

단계	내용	세부 사항
1단계	프로젝트 이해	- 프로젝트의 필요성 - 목적 및 목표 - 시장, 경쟁사, 소비자 조사
2단계	콘셉트 설정	- 소비자 대상 - 제품의 기능 - 마케팅 전략
3단계	아이디어 구체화	- 아이디어 스케치 - 도면 - 렌더링 - 모형
4단계	시제품 제작	- 실물 제작
5단계	품평회	- 발표 및 품평회

도 1.15 디자인 개발 과정

① 첫 번째는 디자인 계획 단계이다. 개발하고자 하는 제품에 따른 시장현황 분석, 경쟁사 분석, 타사제품 분석 등 자료 수집과 디자인 전략 등을 계획한다.

② 두 번째는 개발 단계이다. 디자인 계획 단계에서 나온 분석 결과를 바탕으로 디자인의 콘셉트를 설정하고, 실행 가능하도록 아이디어 스케치, 도면, 렌더링, 모형 제작 과정을 통해 아이디어를 구체화한다. 또한 시제품을 제작하고 결과물의 기능, 디자인, 재료 등이 원래 의도한 대로 만들어졌는지를 평가한다.

③ 세 번째는 양산 검토 단계이다. 완성된 시제품의 마케팅 계획과 생산 공정 등을 점검하여 최종적으로 제품 양산에 들어갈 것인지를 검토한다.

1) 시장조사

소파의 신제품 개발을 위해서는 가장 먼저 시장조사를 해야 한다. 시장현황을 파악하고, 분석을 통해 가구의 경향을 예측함으로써 제품 개발의 방향을 조망할 수 있는 기본적인 활동이다. 소파 생산에 필요한 정보를 제공하기 위하여 소비자의 요구를 파악하고, 경쟁사 제품을 조사하여 디자인 방향을 설정하기 위한 객관적인 근거자료를 제공하는 데 목적이 있다. 시장조사의 내용은 경쟁사의 제품, 디자인, 색상, 가격, 재료, 규격, 소비 대상, 특징 등이며, 조사 방법은 인터넷을 비롯한 온라인 조사, 관련문헌 조사 그리고 현장 조사가 있다. 조사된 내용은 분석을 통해 시장조사 결과보고서를 작성하며, 콘셉트를 설정하는 데 사용한다. (표 1.02)

항목	내용
목적	사무실에서 사용하는 1인용 소파 개발을 위한 시장조사
내용·범위	사무실 환경 현황, 사무실에서 필요로 하는 소파의 기능, 사무용 소파의 선호 색상 및 재료, 사무용 소파를 구매할 때 중요한 요소, 사무용 1인 소파의 적정한 가격, 사무용 소파의 구매를 결정하는 주체 등
방법	인터넷 조사, 문헌 조사, 소비자 설문조사
시기	2021. 03. 01 ~ 2021. 03. 30(1개월)
준비물	설문지
담당	디자인 1팀(홍길동 외 2인)
지침	- 설문조사를 위한 준비 계획은 따로 작성 - 소파 개발 일정에 차질이 없도록 기일 엄수하여 진행

표 1.02 1인용 사무용 소파 시장조사 계획

항목	내용
기능	앉는 기능, 수납 기능, 핸드폰 충전 기능
특징	- 1인용이지만 나란히 진열하면 3인용, 4인용으로도 사용 가능 - 코로나로 인한 사회적 거리 두기에 용이한 디자인
사용자	사무실 근무자 및 방문객
재료	청결 유지가 용이한 인조가죽, 원목이나 목질재료에 표면 처리
제작 방법	- 원목 가공 및 친환경 도장 - 목질재료 사용 시 원목 느낌이 나도록 무늬목 처리
형태	직선적, 모던, 모서리 둥글게 처리
색상	밝은 계열 인조가죽(노랑, 크림색, 아이보리, 베이지 등)
소비자가격	400,000원 이내

표 1.03 1인용 사무용 소파 콘셉트 범위

2) 콘셉트 설정

콘셉트Concept의 사전적 의미는 어떤 작품이나 제품, 공연, 행사 따위에서 드러내려고 하는 주된 생각으로 '개념' 또는 '관념'으로 사용되고 있다『표준국어대사전』. 디자인 콘셉트란 디자인 방향이라고 할 수 있으며, 여기에는 제품의 기능, 형태, 특징, 재료, 제작 방법, 색상, 가격, 사용자 대상 등이 포함된다. (표 1.03)

① 소파디자인 목표 설정

어떠한 소파를 개발할 것인지 그 성능과 공략할 시장을 설정한다.

② 소파디자인 콘셉트 기안

콘셉트 발의는 크게 두 가지로 구분된다. 하나는 기존의 소파에서 제시된 문제점을 해결하기 위한 것으로, 콘셉트의 범위가 작고 구체적이며 기술적인 측면이 강하다. 예를 들면 목재로 된 소파의 다리를 철제 다리로 교체하는 것이다. 두 번째는 기존에 없었던 새로운 제품을 제안하는 것으로, 예를 들면 2021년 신혼부부 가구家口를 위한 소파를 개발하는 것이다. 디자인할 소파의 타당성을 검토하기 위하여 개발에 관련된 예측되는 문제점들을 파악하여 철저히 확인하며, 개발에 장애가 되는 요인을 사전에 점검한다. 디자인 발의는 사회적 요구에 따라 디자이너 스스로 하거나 기업이나 주문자의 요구에 의해서 시작될 수 있다.

③ 콘셉트 도출

디자인 콘셉트의 범위에 근거하여 소파의 구체적인 디자인 개발 방향을 결정한다. 소파의 성능 및 특징, 주요 사용자 대상 설정, 마케팅 전략, 재료 및 제작 방법 등을 통해 개발 목표를 명확히 한다.

④ 콘셉트 검증

도출된 콘셉트는 회의와 토론을 통해 사용자 입장에서 객관적으로 평가한 후 문제점을 파악한다. 발견된 문제점을 수정 및 보완하여 최종 콘셉트를 설정한다. 디자인 프로세스는 정해진 콘셉트를 중심으로 진행되므로 콘셉트의 설정은 중요하다. 진행 과정에서 콘셉트의 설정이 잘못되었다고 판단되면 처음으로 다시 돌아가 콘셉트를 재검토해야 한다.

3) 스토리텔링

스토리텔링 Storytelling의 사전적 의미는 '이야기하기'라는 뜻으로, 작가의 이야기 전개를 뜻한다. 일반적으로 화자가 청자에게 이야기를 전달하는 것을 말하나, 최근에는 쓰임에 따라 청자가 화자의 이야기에 참여하는 것을 포함하는 보다 넓은 의미를 갖기도 한다. 또한 예술 이야기와 담화 및 이야기가 담화로 변하는 과정을 아울러 이르는 말로서 사건에 대한 진술이 지배적인 담화 양식으로, 영화, 애니메이션 등의 줄거리 전개에 쓰인다.『고려대한국어대사전』.

디자인에 있어서 스토리텔링은 프로젝트 의뢰인이나 소비자에게 디자인을 알리고자 자신이 직접 체험했거나 주변 사람의 이야기 또는 책이나 텔레비전 등에서 간접 경험한 것을 재미있는 이야기로 설득하는 행위를 말한다. 기업들은 스토리텔링 마케팅, 스토리텔링 프레젠테이션 등으로 소비자의 마음을 움직인다.

스토리텔링의 소재는 직접 체험한 것이 가장 청중을 감동시킬 수 있으나, 그러한 소재가 없을 경우는 간접경험을 소재로 하되 과장하지 않도록 한다. 자신이 주장하고자 하는 내용과의 연관성이 밀접해야 하며, 청중이 공감할 수 있어야 하므로 청중의 연령을 고려한 소재여야 한다. 스토리텔링을 작성할 때는 다음과 같은 질문에 유념하여 진행한다. 정해진 콘셉트를 설정하게 된 배경을 설명할 수 있는가? 다른 콘셉트와 차별화될 수 있는, 개인적이면서 감동을 이끌어낼 수 있는 스토리가 있는가? 개인적인 체험이 없다면 스토리를 만들 수 있는가?

4) 아이디어 스케치

① 아이디어 스케치의 정의

아이디어 스케치Idea sketch는 제품을 개발하는 데 가장 기초적인 단계로 머릿속에 떠오른 아이디어를 시각적인 그림으로 표현한 것이다. 이것은 아이디어를 떠올려 스케치로 표현하는 주체는 물론 제3자가 이해할 수 있도록 하는 또 다른 의사소통 방법 중 하나이다. 아이디어 스케치의 목적은 떠오른 아이디어를 정확하게 전달하는 데 있으므로 일반적으로 채색하지 않으며, 드로잉과 같이 기본 형태를 표현하는 것이 중요하다. 왜냐하면 인간의 눈은 형태보다 색상을 먼저 인지하여, 스케치에 색을 칠하게 되면 아이디어가 잘 드러나지 않기 때문이다.

② 아이디어 스케치의 범위

스케치의 종류는 광범위하며, 드로잉, 소묘, 크로키 등이 이에 속한다. 드로잉은 채색되지 않은 밑그림으로 디자인 분야에서는 주로 프리핸드 드로잉Free Hand Drawing을 사용한다. 소묘는 데생Dessin이라고도 하며, 주로 회화 부문에서 사용하고, 음영을 넣어 입체감을 살린 그림이다. 크로키Croquis는 인물이나 동물처럼 움직이는 사물을 재빠르게 그리는 것으로 이 또한 회화 부문에서 주로 사용하는 기법이다.

③ 아이디어 스케치 진행

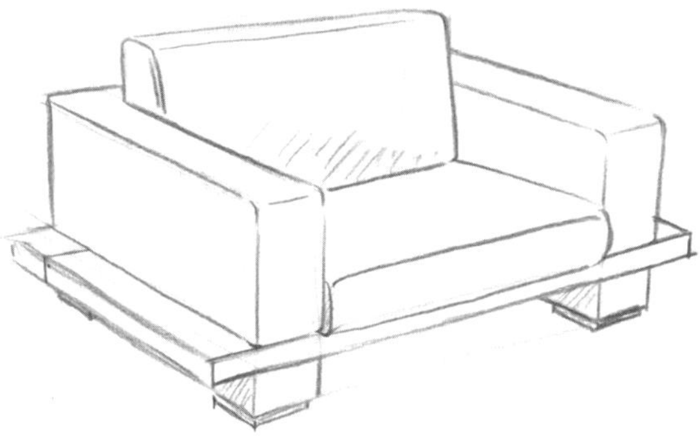

도 1.16 아이디어 스케치

설정한 콘셉트를 바탕으로 아이디어 스케치를 진행하며, 경우에 따라 여러 단계를 거치지만 크게 3단계로 압축할 수 있다. (도 1.16)

1단계 처음에는 개략적인 범위를 잡아 러프한 스케치를 진행하는데, 스케치 단계 중 가장 광범위하다. 독창성이 돋보이는 다양한 아이디어가 나오는 과정으로 디자인의 모티브는 자연물에서 선정해야 다채롭고 독창적인 아이디어를 도출할 수 있다. 초기 스케치 중에서 다음 단계로 스케치를 더 진행할 것을 선정한다.

2단계 스케치 1단계에서 선정된 아이디어를 바탕으로 구조, 재료, 제작 방법, 기능 등을 고려하여 구체적으로 실현 가능하도록 스케치한다. 자연물에서 선정한 모티브의 특징을 잘 살렸는지 파악하고, 아이디어 전개가 더 이상 안 될 경우에는 1단계로 돌아가 다시 시작한다.

3단계 2단계에서 최종적으로 선정된 아이디어를 좀 더 자세히 구체화하고 최종 아이디어 스케치를 선정한다. 이렇게 여러 단계를 거치면서 도출된 아이디어를 시제품을 만들 수 있도록 현실화한다. 소파는 휴식을 취할 때 안락함과 편안함을 제공하고, 경우에 따라서는 수면을 취할 수 있으므로 인간공학적인 설계가 요구된다.

5) 도면 작성

최종적으로 선정된 아이디어는 컴퓨터를 활용해 도면을 작성하기 전에 손으로 가도면을 그린다. 전체 도면을 비롯해 세부 도면을 그려 구조를 파악하고, 제작상에 문제는 없는지, 사용되는 재료의 규격이 적정한지 등을 검토한다. (도 1.17)

6) 3D 렌더링

컴퓨터로 작성한 도면을 바탕으로 3D 렌더링을 진행해 실제로 만들어졌을 때의 모습을 시뮬레이션한다. 소파의 비례, 구조, 색상, 디자인, 재

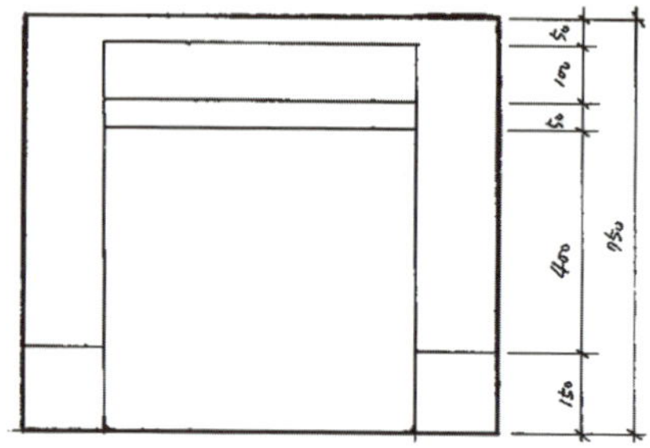

Top View

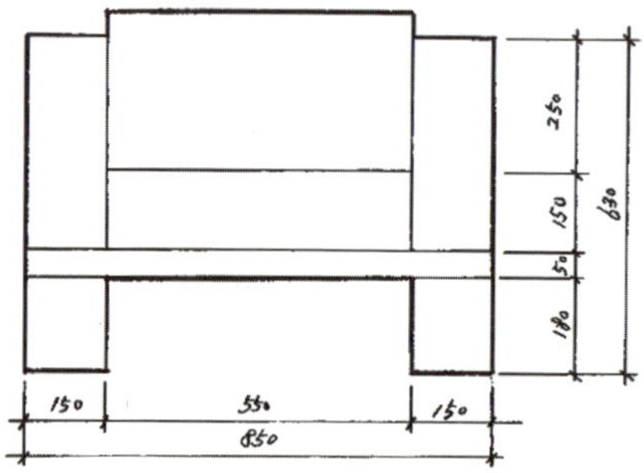

Front View

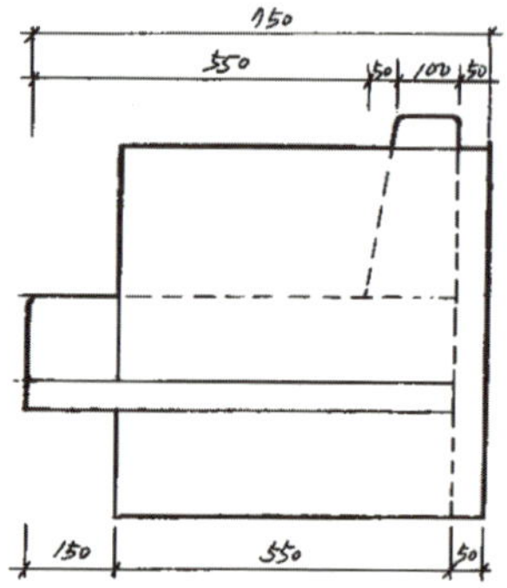

Side View

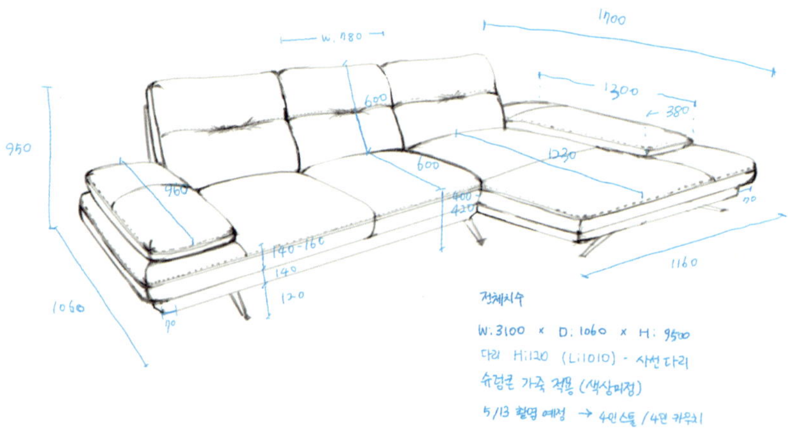

도 1.17 손도면

료, 기능을 시제품처럼 구현하여 문제가 없는지 검토하고 보완할 점이 있으면 도면으로 돌아가 수정한다. (도 1.18)

7) 모형 제작

3D 렌더링에서 제시된 문제점을 보완하여 스케일 모델을 제작한다. 실제 재료가 아니라 쉽게 수정이 가능한 아이소핑크나 종이, 폼보드 등으로 입체적인 모델을 만들어 3D 렌더링에서 드러나지 못한 문제점이 있는지 살펴본다. 모형으로 구체화된 디자인이 프로젝트의 목표에 맞는지 확인한 후 수정사항이 있으면 디자인을 보완한다. 수정사항을 상부에 보고하고, 최종 승인을 얻어 다음 단계로 진행한다. 세계적인 디자이너 중 절반은 아이디어 스케치를 하지 않고, 직접 모델을 만들면서 아이디어를 진행하고 있을 만큼 모형 제작은 스케치 못지않게 중요하다. (도 1.19)

도 1.18 3D 렌더링

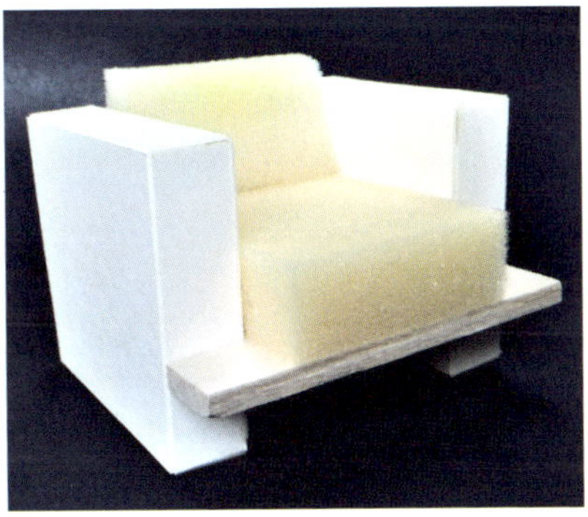

도 1.19 모형

8) 시제품 제작

모형 제작에서 나타난 문제점을 보완하여 도면을 수정하고, 실제 재료로 시제품을 제작한다. 디자이너는 제작 과정을 살펴보고, 계획대로 제작되고 있는지 관리 및 감독한다. 재료, 제작 방법, 마감 처리 등에 문제가 없는지 확인하며, 돌발상황이 발생할 경우 대안을 찾아 해결한다. 또한 재료 수급, 제작 방법, 제작 기간 등 양산할 경우에 대두될 수 있는 문제점들을 사전에 검토한다. (도 1.20)은 1차로 선정된 아이디어를 시제품으로 제작한 것이다. 그러나 가로 부피가 크고, 비례가 불안정하여 (도 1.21)과 같이 스케치를 수정하여 다시 시제품을 제작했다.

도 1.20 시제품 I

도 1.21 수정 스케치 및 시제품 II(그네소파, 조숙경, (주)유로폼, 2020년)

9) 품평회

도 1.22 2020소펀, COEX

품평회는 시제품을 선보이는 자리로 회사 관계자들에게 시장조사부터 시제품이 제작되기까지의 과정을 설명하고, 시제품을 체험할 수 있도록 한다. 양산계획을 수립하기 이전에 수정해야 할 사항을 파악하고, 시제품을 다시 만들어야 한다면 재제작한다. 경우에 따라서는 시제품을 생산하지 않을 수도 있으며, 시제품을 전시회나 박람회에 출품해 소비자의 평가나 의견을 조사하여 시제품을 수정하기도 한다. (도 1.22)

10) 양산계획 수립

품평회를 통해 소파의 생산이 결정되면, 양산계획을 수립한다. 양산계획의 내용으로는 제품시방서 또는 디자인사양서의 작성, 지적재산권 확보, 각종 인증획득 등이 있다. 제품시방서에는 제품명, 특징, 재료, 규격, 도면, 제품 이미지, 색상, 시공 순서, 표면 처리, 인증획득 현황, 운송 및 보관, 취급 시 유의사항 등을 기술한다. 소파는 특허와 같은 지적재산권 확보가 어려운 분야로 그만큼 연구 개발이 쉽지 않기 때문에 기업들이 노력을 기울이지 않고 있다. 따라서 경쟁사와 차별성을 갖고, 시장에서 우위를 차지하기 위해서는 독보적인 기술 개발이 필요하다.

제2장 소파 재료

1. 소파의 원자재

본 장은 저자가 2012년에 발간한『가구재료학』의 내용을 중심으로 보완하였다.

1) 원목 Solid Wood

원목은 나무를 베어낸 상태를 말하며, 건조된 것과 건조되지 않은 것으로 나뉜다. 원목가구를 제작하기 위해서는 목재를 구매해야 하는데, 금방 제작이 가능한 건조된 원목은 가격이 비싸며, 건조되지 않은 원목은 건조 시간이 필요하므로 저렴하다. 따라서 목재를 많이 사용하는 가구회사 및 공방에서는 건조되지 않은 원목을 싼값에 구매하여 장시간 건조시키면서 필요할 때 사용하여 가구의 원자재 가격을 최대한 낮추고자 한다.

함수율含水率은 목재의 총 무게 중 내포된 수분의 무게를 백분율로 말한 것으로 목재의 변형과 밀접한 관계가 있다. 건조되지 않은 목재의 함수율은 약 60~100%이며, 보통의 대기 온도와 습도가 비슷한 수분을 함유한 상태를 기건氣乾이라 하고 이때의 함수율은 약 12~15%이다. 목재를 건조시킨 후 대기 중에 놓아두면 수분을 다시 흡수하는데, 세포막이 더 이상 흡수할 수 없는 포화상태가 온다. 이것을 섬유포화점이라 하며 함수율은 30% 정도이다.

원목의 특징은 먼저 가볍고 가공성이 우수하다는 점을 들 수 있다. 흡음률이 있어 방음재로 적당하며, 종류가 다양하다. 열전도율이 작고, 표면 질감이 좋으며, 나뭇결이 아름답다. 단점으로는 건조 시간이 길고, 내습성이 약해 잘 썩는다. 수축과 팽창으로 갈라지거나 잘 휘고, 타 재료에 비해 내구성이 약하다. 불에 잘 타며, 옹이, 갈라짐, 썩은 곳 등으로 표면이 고르지 못해 재료활용률이 떨어진다.

① 원목의 구조

나무를 세워놓고 나이테가 보이도록 가로로 절단하면 조직이 크게 5가지로 구분된다. 나무의 가장 가운데에 있는 수심樹心과 그것을 둘러싼 안쪽 부분을 심재心材라 하며, 심재를 둘러싼 바깥 부분을 변재邊材라 한다. 또 가장 바깥쪽에 위치한 껍질, 그리고 전체에 퍼져 있는 나이테가 있다. (도 2.01)

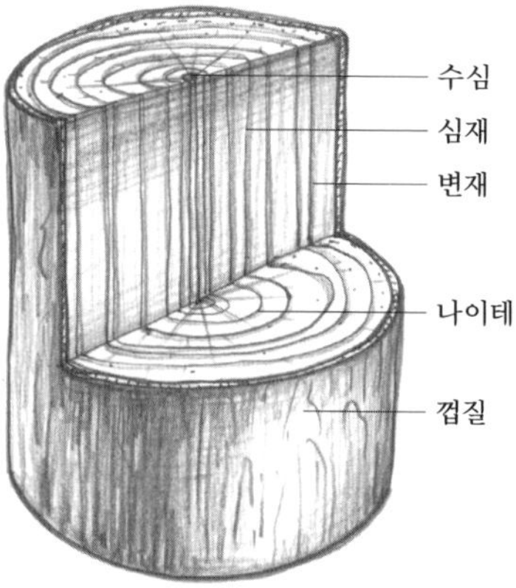

도 2.01 원목의 구조

○ 수심

나무의 가장 가운데 부분으로 범위가 작아 가구재로 사용하지 않는다. 판재에 수심이 있을 경우, 수심만 빠져 구멍이 생길 수 있다.

○ 심재

수심을 둘러싸고 있으며, 단단하고, 무겁다. 변재보다 색이 진하며, 균에 대한 내구성이 크다. 수분이 적어 변재보다 변형이 적고, 질이 우수해 가구재로 많이 쓰이는 부분이다.

○ 변재

껍질과 심재 사이에 있으며, 수액이 많아 건조 시 변형이 심해 가구재로 사용하지 않는다. 색이 흐리며, 재질이 무르고, 부패에 대한 저항성이 낮다.

○ 껍질

나무의 가장 바깥에 위치하여 표면이 불규칙하며, 단단하지 못해 가구 제작 시 버려지는 부분이다.

○ 나이테

연륜年輪이라고도 부른다. 간격이 넓고 연한 부분은 봄과 여름에 성장하여 춘재春材라 하며, 가을과 겨울에 성장한 부분은 간격이 좁고 진한 색깔로 추재秋材라 한다. 나이테의 숫자로 나무의 나이를 추측할 수 있으며, 나이테가 명료한 것은 주로 침엽수이고, 그렇지 않은 것은 활엽수에 많다.

○ 나뭇결

나뭇결은 목재의 단면에 나타나는 여러 가지 무늬를 말하며, 널결과 곧은결로 나눈다.

널결은 목재를 나이테의 평행 방향으로 켤 때 나타나는 산이나 물결 모양을 말한다. 곧은결보다 아름다워 장식재나 가구의 문짝 그리고 공예품에 사용되나, 곧은결보다 변형이 크고 마모율도 높은 것이 단점이다.

도 2.02 널결(좌)과 곧은결(우)

곧은결은 나이테의 직각 방향으로 켤 때 나타나는 평행선상의 나뭇결을 말한다. 널결보다 무늬가 단조롭지만, 변형과 마모율이 적어 창호재, 실내장식재, 가구재로 사용된다. (도 2.02)

② 목재 건조법

자연건조법은 직사광선을 피하고 통풍과 배수가 잘 되는 곳에서 건조시키는 것을 말한다. 일반적으로 1~2년 정도의 건조 시간과 넓은 공간이 필요하며 부패가 잘 되는 단점이 있는 반면 경비가 저렴하고 변형이 적어 목재의 질이 우수한 장점이 있다. 벌목된 둥근 원목은 통풍이 잘 되도록 엇갈려 쌓아야 하며, 양 끝의 목구면이 갈라지지 않도록 오공본드

도 2.03 자연건조법(유림목재)

와 같은 접착제를 바르거나 페인트칠을 하거나 또는 종이를 발라놓는다. 원목판재는 판재와 판재 사이에 변형 방지를 위해 일정한 크기의 목재 쐐기를 끼워 쌓아 올려야 한다. (도 2.03)

인공건조법은 실내에서 열을 사용하여 건조하는 방법으로 시간과 건조 정도를 조정하기 쉽지만, 가격이 비싸며 변형이 잘 되는 단점을 가지고 있다. 종류에는 연기건조, 전기건조, 연소가스건조, 진공건조, 약품건조, 고주파건조, 열기건조법 등이 있다.

③ 원목의 종류

원목의 종류는 다양하며, 크게 침엽수재와 활엽수재로 나눌 수 있다.

침엽수는 대부분 바늘같이 뾰족한 잎을 지니며, 추위에 강하여 높은 지대에서 자라므로 시베리아와 캐나다 등지에 광대한 면적의 침엽수림이 있다. 종류는 활엽수에 비해 적으며 잣나무, 소나무, 향나무, 삼나무 등이 있다. 국내에는 한라산, 지리산, 설악산, 덕유산 등 고산지대에 분포하며, 약 44종이 있다. 소나무는 전국에 퍼져 있는 중요한 침엽수이며 향나무, 주목 등은 관상용으로 가꾸는 경향이 있다. 대부분의 국내산 침엽수는 나무의 지름이 작은 소경목이라 가구 재료로는 사용되지 못하고 있으며, 피톤치드 효과가 있다는 편백나무나 삼나무도 수입에 의존하고 있는 상태이다.

활엽수는 상록활엽수와 낙엽활엽수로 분류되며, 넓적한 잎을 가진 나무가 많다. 열대와 온대 지방에 주로 분포하며, 떡갈나무, 뽕나무, 상수리나무, 오동나무 등이 있다.

가구 제작에 많이 쓰이는 나무로는 느티나무Zelkova, 단풍나무Maple, 마호가니Mahogany, 물푸레나무Ash, 밤나무Chestnut, 오동나무Paulownia, 참

죽나무 Chinaberry, 티크 Teak, 편백 Hinoki, 호두나무 Walnut, 미송 Douglas-fir 등이 대표적이다.

목형소파 제작에 사용되는 목재는 참나무, 벚나무, 단풍나무, 호두나무 등이 있다.

○ 참나무 Oak

한국과 중국 등지에 분포하며, 높이가 20미터까지 자라는 활엽수로 도토리나무라고도 한다. 심재는 황토색이며, 결이 곧고 단단하며, 수축 및 흡수성이 작다. 휨가공성이 양호하고 도장성은 우수하나, 접착성은 보통이다. 고급 장식이나 조각, 불교용품을 비롯한 가구 및 건축재로 사용된다. 특히 단단하고 목리가 뚜렷하여 테이블, 거실장, 콘솔 등에 사용되며, 화력이 좋은 참숯으로도 우수하다. (도 2.04)

도 2.04 참나무

○ 벚나무 Cherry

한국, 중국, 일본 등지에 분포하는 활엽수로 심재는 붉은색이 도는 엷은 회갈색이다. 심재와 변재의 구분이 뚜렷하고 연륜도 명확하다. 목리가 곱고 치밀하며, 비교적 무겁고 강하다. 도장성이 우수하며, 주로 가구, 목공예품, 악기, 무늬단판으로 사용된다. (도 2.05)

도 2.05 벚나무

○ 단풍나무 Maple

아시아와 유럽에 분포하는 활엽수로 밝은 크림색이다. 변재는 백색에 적색의 물

무늬가 있고 폭이 좁으며, 심재는 담적갈색으로 구분이 분명하다. 연륜은 담색이나 암색으로 뚜렷하고, 조색 처리가 쉽고 광택이 잘 난다. 연삭 가공이 양호하며, 내구력과 내후성이 약하고, 접착 및 건조성이 불량하다. 주로 가구, 운동구, 악기, 무늬단판, 마루판 등에 사용된다. (도 2.06)

도 2.06 단풍나무

○ **호두나무** Walnut

가래나무과로 높이가 20미터까지 자란다. 한국, 중국, 이란, 미국 등지에 분포하며, 밝은 회갈색에서 어두운 갈색까지 다양하다. 심재와 변재의 구분이 명확하며, 연륜계는 불분명하다. 조직이 거칠고, 내구성 및 약제주입성이 불량하다. 단단하고 광택이 강하며, 가볍고, 가공과 도장성은 보통이다. 접착성은 우수하며, 주로 고급 가구, 건축내장재, 기계, 운동구, 악기 등에 사용된다. 특히 목리가 아름다워 서랍장, 티테이블, 콘솔 등의 고급 가구재로 사용된다. (도 2.07)

도 2.07 호두나무

○ **스프루스** Spruce

가문비나무라고도 하며, 러시아소나무과에 속한다. 우리나라 북부와 중국 등지의 높은 산에서 자라며, 가볍고 가공이 용이하다. 나뭇결이 곱고 부드러워 내장재로 적합하며, 가격이 저렴하여 전피소파의 틀을 만드는 구조재로 사

도 2.08 스프루스

용된다. 이 외에도 건축재, 악기, 펄프, 조선, 가구 등에 사용된다. (도 2.08)

④ 원목 조립 기법

원목의 조립 기법은 크게 맞춤, 짜임, 이음으로 알려져 있으며, 이 중 맞춤과 짜임은 같은 의미로 혼동되어 사용되나 이음은 한쪽 방향 또는 길이 방향으로 이을 때 사용하는 것으로 그 뜻이 분명하다. 영어에서는 조인트Joint로 세 용어를 포괄할 수 있으므로 여기에서는 맞춤과 짜임을 같은 것으로 정리하고, 이음만 따로 분류하고자 한다. 조선시대까지의 원목가구는 짜임과 이음으로 만들어졌으며, 현대에는 이러한 기법이 주로 공방에서 만드는 고급 원목가구에만 사용되고 있다.

○ 맞춤 또는 짜임

이음이 주로 판재와 판재를 나란히 잇는다면 맞춤은 직각 또는 경사지게 짜 맞추는 방법이다. 기둥과 기둥 또는 기둥과 선반 등을 결합하는 것으로 가구의 귀퉁이에 많이 사용되며, 특히 탁자의 상판과 다리를 접합하는 모서리에 적용한다. 제 몸에서 만들어진 촉으로 조립되는 경우와 상판과 다리 이외에 다른 조각의 촉이 결합되는 경우가 있다. 목형소파를 제작할 때는 맞춤 기법이 중요하나, 전피소파를 만들 때는 목재가 밖으로 드러나지 않기 때문에 사용하지 않는다.

사개맞춤 사개물림

차탁자의 모서리나 상자의 귀퉁이를 조립할 때 쓰이는 방법으로 여러 개의 장부를 만들어 서로 깍지를 끼듯이 엇갈리게 한 것이다. 튼튼하고 밖으로 드러나는 모양이 아름다워 조선시대에는 서안에 주로 사용하였으나, 현재에는 테이블, 상자 등에 다양하게 사용되는 기법이다. (도 2.09)

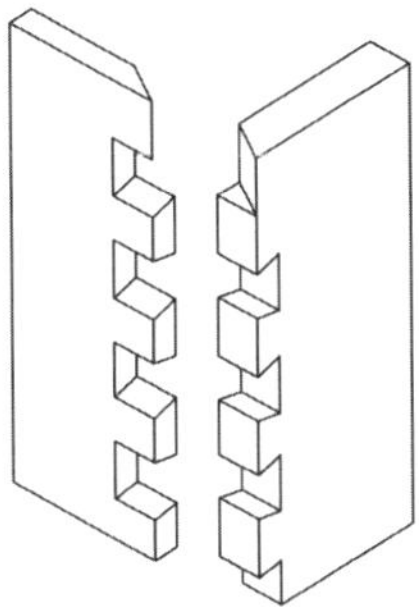

도 2.09 사개맞춤

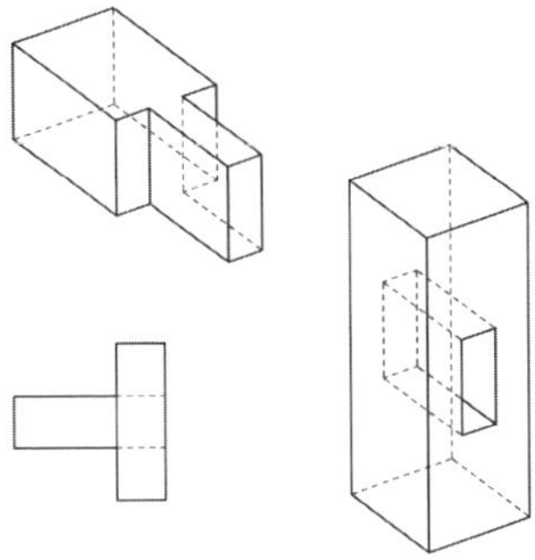

도 2.10 막장부촉맞짜임

막장부촉맞짜임

장부촉은 이음이나 짜임 시 구멍에 끼우려고 만든 장부를 말하며, 종류에는 막장부촉, 숨은장부촉, 턱장부촉, 쌍촉 등이 있다. 기둥에 직교되는 판재를 맞출 때 주로 사용되며, 장부를 맞추는 구멍이 뚫려 있어 장부가 밖으로 보이는 경우가 많다. 목형소파의 바닥방석을 받치면서 두 개의 앞다리를 잇거나 앞다리와 뒷다리를 잇는 가로대를 조립할 때 주로 사용하는 방법이다. (도 2.10)

연귀촉짜임

연귀는 제비촉이라고도 하며, 목재와 목재가 결합하여 목재의 마구리 모습이 모이지 않게 45도 각도의 사선으로 짜이는 것을 말한다. 제작이 어려우나 아름답기 때문에 고급 가구나 창호 그리고 액자 모서리에 사용된다. 겉모습은 같으나 숨은 부분의 짜임 구조에 따라 종류가 다양하며, 목형소파의 측면이나 등방석을 받치는 뒤판 제작 시 사용된다. (도 2.11)

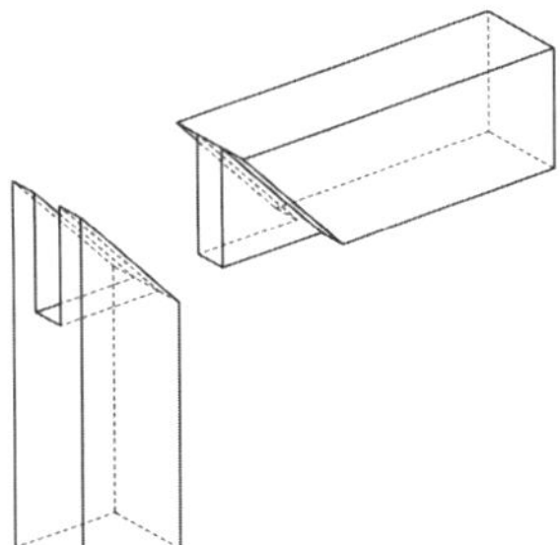

도 2.11 연귀촉짜임

○ **이음**

이음은 목재를 길이 방향이나 또는 나뭇결이 나란히 되도록 결합한 것을 말하며, 여러 쪽으로 된 마룻바닥과 같은 집성목도 이음에 의해 제작된 것이다. 목재를 서로 이을 때는 붙인 후 (도 2.12)와 같이 건조에 의한 수축 현상을 고려해야 한다. 수심 부분끼리 맞대고, 변재끼리 맞대어져 네 조각이 이어질 때는 변재 부분의 변형률이 크므로 판의 위아래가 수평을 이루지 못한다. 또한 수심이 위로 올라가게 하여 측면끼리 붙일 때도 그림과 같은 현상으로 판의 수평을 이루기 어렵다.

이음의 종류는 다음과 같다.

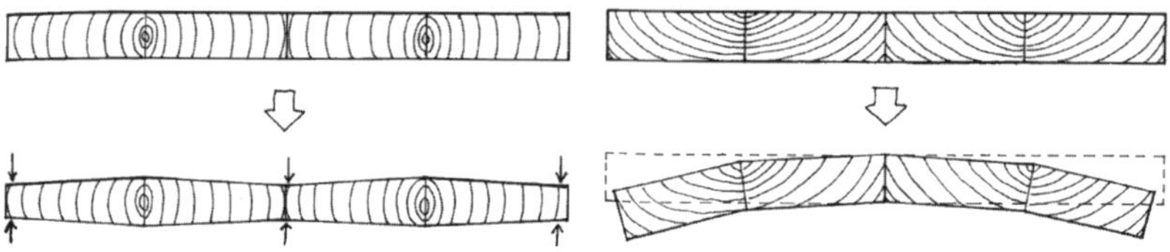

도 2.12 이음과 수축

반턱이음

사모턱 이음과 같은 말이며, 양쪽 목재의 반씩을 따내어 잇는 방법이다. (도 2.13)

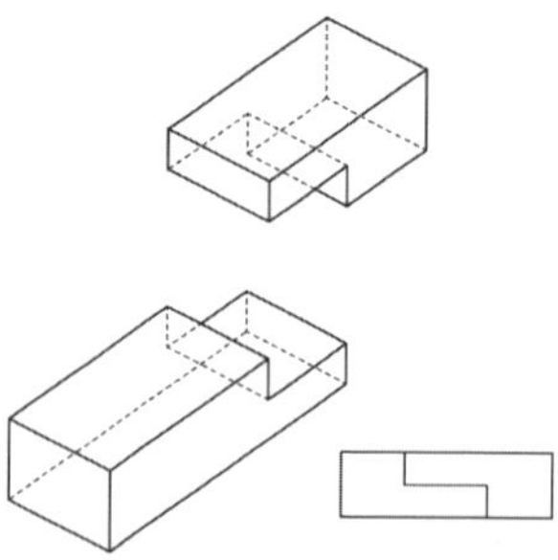

도 2.13 반턱이음

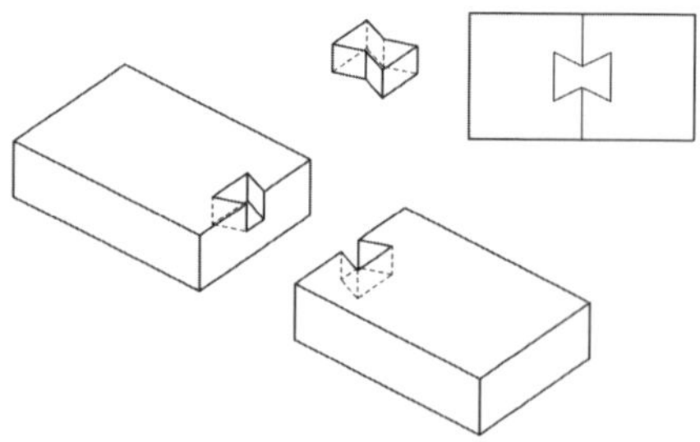

도 2.14 나비장이음

나비장이음

나비 모양의 장을 사용하여 두 개의 목재를 잇는 방법으로 견고하며, 다른 색상의 나비장을 만들어 장식적인 효과를 얻을 수 있다. (도 2.14)

⑤ 원목의 도장

조선시대의 가구는 모두 원목으로 제작되었기 때문에 도장도 대부분 옻칠이나 천연오일을 발라 마감하였다. 근대의 원목가구나 공예품에는 식물에서 채취한 천연오일을 바르기 시작했으며, 1980~90년대에 대량생산되었던 가구에는 천연오일보다 가격이 저렴하고 작업이 용이한 래커의 사용이 급증하였다. 이후 가정용 가구를 중심으로 건강에 대한 소비자의 관심도가 높아지면서 천연오일 사용이 증가하는 추세이다.

○ 천연오일

천연오일로 마감한 가구를 닦을 때는 마른 천으로 문지르거나 오일을 발라 문지르면 시간이 지날수록 목재의 색상이 진해져 자연미가 돋보인다. 또한 수축과 팽창이 일어나므로 목재가 살아 있다고 할 수 있다. 그러나 오일 가격이 비싸고, 가구 손질의 번거로움과 아파트의 난방 문제로 인한 원목의 수축과 팽창으로 고급 가구에만 사용되고 있다. 원목을 천연오일로 마감하면 목재의 작은 긁힘이나 흠이 잘 보이므로 사포연마 작업을 400방 이상 해야만 한다. 근대 국내에서는 옻칠, 동백기름, 식용류 등을 사용했으나, 현대에는 송진, 오렌지와 같은 각종 식물에서 채취한 성분으로 만든 오일이 독일을 비롯한 선진국에서 수입되고 있다.

○ 옻칠

옻은 옻나무에서 채취한 수액을 이용하여 만든 천연도료로 우리나라를 비롯하여

도 2.15 소지에 옻칠하기

도 2.16 단계별 옻칠

동남아시아에서 생산된다. 국내는 강원도 원주에 분포하나 그 양이 많지 않다. 옻산 urushiol: 우루시올 과 수분, 고무질, 함소물질 등으로 이루어진 옻칠은 수액 자체에 함유된 성분끼리 반응하여 피막을 형성하며, 공기와 접촉 시 견고하게 굳어진다. 가장 좋은 질의 옻은 8~10년 된 옻나무에서 채취한 수액이며, 채취 시기는 일년 중 6월에서 10월 사이가 좋다. 고려시대는 나전칠기와 같이 옻칠이 가장 번성한 시기였으나 일반화되지 못했으며, 서민층이 사용하게 된 것은 조선시대이다. 고려시대에 만들어진 팔만대장경 八萬大藏經 에는 옻칠이 되어 있는데, 당시 경판 한 장에 사용된 옻의 양은 약 5g으로 전체 소요량은 옻나무 약 40만 그루를 베어내야 칠할 수 있는 양이다.

옻칠이 현대의 다른 도료와 달리 보편화되지 못하는 것은 칠하는 현장의 조건과 계절에 따른 기후 조건 그리고 칠을 하는 사람에 따라 그 효과가 달라지기 때문이다. 또한 한국과 중국 그리고 일본에서 나는 옻에는 우루시올 옻산 이 60~80% 함유되어 있어 사람에 따라 손이나 얼굴에 닿으면 피부가 벌겋게 달아오르면서 가려움증을 동반한다. 옻의 주성분인 우루시올은 노란색의 액체로 피부에 닿아 염증을 일으키는 독성과 열성을 지닌다. 또한 산화효소인 락카아제 Laccase 를 함유하고 있으며, 이것이 촉매가 되어 우루시올을 산화 중합시켜서 도막을 만든다.

옻칠의 장점은 변색되지 않으며, 광택이 우수하다. 내구성이 강하고, 습기를 흡수하거나 방출하여 가구는 물론 식기에도 사용된다. 방충성과 절연성이 뛰어나며, 도막이 우수하고, 방부성과 방수성도 좋다. 단점으로는 얇게 바르고 굳히는 작업을 반복해야 하므로 도장 시간과 건조 시간이 오래 걸린다. (도 2.15, 2.16)

○ 래커 Lacouer

용제의 증발에 의해 도막이 형성되며, 투명 래커와 다양한 색상의 불투명 래커가 있다. 래커는 천연오일과 달리 목재의 표면이 거칠어도 흠이 잘 보이지 않아 사포연마 작업을 320방까지만 해도 무방하며, 대부분의 목형소파 도장 시 사용된다.

래커는 가구의 내구성 증진을 위해 표면에 바르는 도장의 일부로 건조 시간이 짧고, 오래 간다. 목재 표면에 영구적인 막을 형성하여 수축과 팽창이 일어나지 않으며, 내구성 및 경도가 우수하다. 가격은 저렴하나 손때가 묻거나 오염이 잘 되고, 목재의 색상이 변하지 않아 자연미가 떨어진다. 주로 가구 및 건축내장재에 사용하는데, 도료에서 나오는 유해물질로 인하여 아토피와 같은 피부병이나 환경 문제로 기피하는 소비자가 늘어나고 있다.

○ 우레탄 Urethane 도장

경화제를 섞어 바르므로 건조가 빠르며, 광택이 뛰어나다. 도장 두께도 좋고 표면이 매끈하며, 열에도 강하여 연화되거나 녹아서 달라붙는 일이 적다. 스크래치 및 오염이 덜 되고 강도가 강하나, 시설 장비로 인해 가격이 비싼 것이 단점이다. 우레탄 도장에는 유변성형, 습기경화형 그리고 2액형이 있는데, 가구에 쓰이는 것은 2액형 우레탄이다. 이것은 두 가지 용액을 혼합한 것으로 부착성과 광택이 우수하나 가격이 비싸다. 탁자나 가구의 문짝 또는 자동차나 건물의 옥상에 방수를 위한 우레탄 도장 처리를 한다.

2) 목질재료

① 합판

원목을 얇게 잘라낸 단판 Veneer 이라 불리는 목재를 건조시킨 다음, 나뭇결이 서로 직교하도록 하여 홀수로 접착시켜 만든 판상 제품이다. 즉 단판을 3·5·7·9매 등으로 구성하여 접착하며, 두께는 2mm에서부터 30mm에 이르기까지 다양하다. 가로와 세로는 4×8(1220×2440mm) 및 3×6(910×1820mm) 크기로 생산되고 있다.

도 2.17 합판

합판의 역사는 기원전 3500년경의 고대 이집트까지 거슬러 올라가며, 이집트 제18왕조 투탕카멘Tutankhamun 왕의 피라미드에서 발굴된 의자가 대표적인 유물이다. 이것은 흑단과 자단 등을 얇게 켠 무늬목을 삼나무에 붙여 만든 것이며, 합판이란 용어가 정착된 것은 제1차 세계대전 기간이다.

목조 건축의 내장재, 악기, 차량, 선박, 항공, 컨테이너, 스포츠용품, 가구 등에 널리 사용된다. 소파의 경우는 전피소파의 구조재로 사용하며, 목형소파에는 합판에 무늬목이나 필름을 발라 측판과 뒤판에 사용한다.

합판의 장점으로는 치수 안정성이 뛰어나며, 전기절연성이 우수하다. 음향이나 기계적 진동 및 충격에 대한 흡수 능력이 좋고, 열전도가 작으며, 단열성이 크다. 또한 약제 처리가 용이하며 절삭, 휨, 접합 등의 가공성이 뛰어나다. (도 2.17)

② 집성목

도 2.18 멀바우집성목

일정한 규격의 여러 각재 원목에 접착력을 증강시키기 위하여 조각의 모퉁이를 톱니 모양으로 만들어 붙인 판이다. 옹이와 같은 원목의 흠을 제거하고 집성하여 외관이 원목에 가까우며, 침엽수와 활엽수 모두 제작이 가능하다. 구조용 집성목은 침엽수재를 사용하며, 강도나 내구성이 우수해 실외용으로 쓰인다. 조작용 집성재는 화장용 얇은 판을 붙인 것과 제재판의 색과 목리를 조화롭게 집성한 것으로 나뉜다. 합판과 같이 규격은 보통 1200×2400mm이며, 두께는 12mm에서 33mm까지 다양하다. 주로 소나무, 단풍나무, 참나무, 자작나무, 고무나무 등으로 만들며 학생용, 혼례용, 부엌가구, DIY 가구에 사용된다.

집성목의 특징으로는 먼저 원목에 비하여 수축과 팽창이 적다. 원목에 가까운 아름다운 외관을 지니나 값은 저렴하고, 넓은 판재를 사용할 수 있어 재료활용도가 높다. 여러 조각을 붙여 나뭇결이 일정하지 않으며, 원목에 비해 강도가 약하므로 힘을 받는 가구 제작에는 적합하지 않으므로 다리보다는 상판이나 가구의 측판 등 판재로 사용한다.

목형소파를 제작할 때 소파의 굵은 앞다리나 뒷다리에 원목을 사용하나 두꺼운 것이 없을 경우 원목 조각을 집성한다. 즉, 위에서 말한 집성 판재는 사용하지 않고, 필요한 부분에 따라 원목을 덩어리로 집성하여 사용한다. (도 2.18)

3) 금속

금속은 일반적으로 차가우며, 단단하고 목재와 같이 결이 없는 재료로 건축이나 가구의 구조재는 물론 외관용으로도 사용된다. 대부분 무겁고 습기에 약해 부식이 잘 되며, 용접이나 나사로 연결하는 조립 방법이 쓰인다. 불에 강하고, 오염이 잘 되지 않으며 다른 재료와 잘 조화된다.

종류는 비중에 따라 경금속과 중금속으로 나뉘며, 합금에 따라 철합금, 비철합금으로 나뉘고, 금속의 가치에 따라서는 귀금속과 비금속으로 분류된다.

① 철

철은 제련에 따라 선철, 주철, 연철, 강철로 분류한다.

도 2.19 강철

강철은 탄소가 0.035~1.70% 함유된 철로 탄소의 함유량에 따라 고탄소강, 중탄소강, 저탄소강으로 나뉜다. 철은 습기에 약해 녹이 스는 단점이 있어서 이것을 방지하기 위해 분체도장으로 마무리한다. 분체도장Powder Coating은 합성수지를 가루로 만들어 금속 표면에 칠하고, 고온에서 녹이는 방법으로 가격이 비싸나 잘 벗겨지지 않아 야외용 제품에 애용된다. 도료의 재사용이 가능하며, 도장 작업이 간편하다. 또한 소파의 다리를 비롯해 팔걸이 등에 부분적으로 사용된다.

철의 특징은 열처리를 이용하면 강도나 인성이 높아진다. 또한 고체가 외부에서 작용하는 힘에 의해 형태가 변하는 성질인 가단성可鍛性이 있는데, 철의 경우 가단성이 크면 프레스나 롤러와 같은 기계에 의해 눌려도 부러지지 않는다. 단점으로는 습기에 약해 녹이 슬며, 무겁다. (도 2.19)

② 스테인리스 스틸 Stainless Steel

강철의 부식성을 개선하기 위하여 만들어진 것으로, 스테인리스강이라고도 부른다. 이것은 보통강에 최소 10.5% 이상의 크롬이 함유된 것으로 크롬 산화물이 스틸 표면의 부식뿐만 아니라 전체적 구조에 부식이 확산되지 못하도록 방지해준다.

표면 처리는 고속도 회전 연마기를 사용하여 광택을 내거나 헤어라인Hair Line으로 무광택 처리한다. 주로 금속식기용, 칼, 시계 케이스와 밴드, 보석, 차량용, 항공우주구조물, 하드웨어, 건축용에 사용된다. 소파의 다리를 비롯해 팔걸이 등에 부분적으로 쓰인다.

도 2.20 "잘 단련된", 론 아라드, 1986년

스테인리스 스틸의 특징은 가공성이 좋으며, 광택이 우수하다. 제품의 보수, 유지, 관리가 쉽고, 열처리를 이용하면 강도나 내구력이 높아진다. 부식이나 침식을 잘 견디는 내식성耐蝕性이 좋으며, 이슬, 비, 서리 등과 같은 외부의 환경요인에 대항하여 색상과 광택이 변하지 않는 내후성耐朽性이 우수하다. 수명이 다할 때까지 환경에 맞게 다양한 등급과 외관을 만들 수 있으나, 강철에 비해 가격이 비싸다. 영국의 디자이너 론 아라드Ron Arad의 안락의자(도 2.20)는 스테인리스 스틸의 탄성을 극단적으로 보여주는 사례이다.

③ 알루미늄 Aluminum, Al

알루미늄은 비철금속에 속하며, 규소 다음으로 지구상에 가장 많은 금속이다. 비중은 2.7로 강철의 1/3 수준으로 가볍고, 열전달은 철의 약 3배이다. 주조성 개선을 위해 구리, 아연 등의 금속과 합금해서 사용한다. 알루미늄은 산화 보호막을 형성하여 산화나 부식을 방지하여 인체에 해가 없기 때문에 식품공업 및 식기류, 판재, 박, 철사, 봉재, 선재, 관재 등에 이용된다. 특히 알루미늄 합금은 극저온에서도 인성을 잃지 않기 때문에 우주개발재, 냉동기 제조, 항공산업 등에 사용된다. 순도가 99.8% 이상일 때 직사광의 90% 이상은 반사하며, 난방기 반사판, 적외선 건조 반사장치 등 여러 가지 형태의 반사경으로 사용된다. 수입에 의존해 환율 변동에 따른 가격변동률이 큰 것이 단점이며, 소파에는 다리 재료로 사용된다.

○ 애노다이징 Anodizing

알루미늄을 대기 중에 그대로 두면 산화되어 내구성이 떨어지고 표면도 더러워지기 때문에 애노다이징 처리를 한다. 애노다이징 피막은 착색이 가능하며, 투명과 반투명이 있다. 애노다이징으로 광택이 뛰어나게 하기 위해서는 순도가 높은 알루미늄을 사용하여 연마를 잘 하고, 깨끗한 전해액을 이용하며, 애노다이징 후에 코팅 처리를 해야 한다.

알루미늄의 특징은 독성이 없고, 열전도성이 높으며, 전기의 양도체이다. 합금의 종류에 따라 강도를 조절할 수 있으며, 압출 가공 및 주조와 같은 가공성이 뛰어나다. 저온 특성을 가지고 있으며, 용융점이 낮아 녹기 쉬우므로 재생이 용이하다. 또한 다른 금속 재료에 비해서 상대적으로 가볍고 강하며, 은색으로 원재료의 표면도 아름다우며, 도장도 용이하다. 외부 압력에 의해 파괴되지 않고 늘어나는 연성이 뛰어나나, 용접이 어렵다.

④ 황동 Brass

도 2.21 황동 소파다리

아연과 구리의 합금으로 노란색을 띠며, 놋쇠라고도 한다. 1520년경 아연원소가 발견되면서 인공적으로 제조되었으며, 구리보다 강도가 높고 가소성이 우수해 판금이나 단조 작업에 주된 재료로 사용된다. 아연의 양이 증가할수록 경도硬度와 강도가 높아지고, 색은 붉은 기에서 황색에 가깝게 변해간다.

일반적으로 황동은 아연 30 ~ 40%가 들어 있는 것이며, 아연 30%의 것은 칠삼황동이라 하고, 40% 아연이 합금된 것은 사륙황동이라 부른다. 칠삼황동은 판에서 따내어 만드는 것에 주로 사용되며, 동전도 여기에 속한다. 사륙황동은 건축에 관련된 쇠붙이 장식, 문의 손잡이 등에 사용된다. 20% 아연이 합금된 것은 서적의 금글자, 금색 인쇄에 사용되지만, 시간이 지나면서 검게 변한다.

건강에 대한 소비자의 관심이 증가하면서 항균성을 가진 동, 항균 컬러강판, 도금강판 등의 수요가 급증하고 있다. 그중에서도 동은 여러 실험을 통해 사스, 메르스, 노로, 에볼라 등 각종 바이러스에 항균 성능을 발휘하는 소재로 입증되었다. 미국 질병통제센터와 국립보건원, 프린스턴대학과 UCLA 연구 팀은 코로나19를 발생시키는 바이러스가 얼마나 오래 남아 있는지를 실험하여 그 결과를 다음과 같이 발표하였다. 공기 중에는 3시간, 동에는 4시간, 종이판에는 24시간, 플라스틱이나 스테인리스 스틸에는 최대 2~3일까지 바이러스가 잔존한다. 특히 동은 무독성 천연항균 소재로 동의 표면에서 코로나19 바이러스가 1시간 내에 50%, 4시간이 되면 100% 소멸되는 것으로 나타났다. 따라서 1970년대부터 80년대까지 국내에서 활발하게 사용되다가 표면 변색과 값이 비싼 이유로 사용이 줄어든 황동이 탁자나 소파의 다리 또는 문손잡이에 사용되는 사례가 증가하고 있다.◆ (도 2.21)

4) 가죽

이집트의 동굴벽화에서는 사냥꾼이 동물의 가죽으로 된 옷, 신발 등을 입고 있다. 고대 그리스시대에는 가죽 벨트나 채찍을 사용한 흔적이 나타나며, 가죽이 생활용품에서 예술품으로 격상하는 것은 중세부터이다. 18세기 말에는 산업혁명의 영향으로 유피에 대한 과학적인 연구가 시작되었으며, 19세기에는 제혁기계의 개량 등 근대적인 피혁산업이 발

◆ 조숙경. 2021. 『한국과 독일의 부엌가구』. 미진사. p144.

도 2.22 테너리 가죽염색공장

전하게 된다. 오랜 역사를 지닌 가죽은 동물의 껍질을 화학적·물리적 방법으로 처리하여 동물성 섬유구조를 광물성 섬유구조로 바꾸어 가공한 것을 말한다. 동물이 도살된 직후의 가죽은 축축해서 사용이 어려우며, 또한 쉽게 부패하고, 건조되었을 때는 딱딱해져 잘 부서진다. 이러한 단점을 무두질을 통해 부패가 없고 유연하게 만든 것을 피혁皮革이라 한다. 동물의 털을 제거하여 가죽으로 만들며, 털이나 울wool이 그대로 남아 있게 하여 모피로 만들기도 한다. 원피 한 장을 몇 개의 층으로 분할하여 만들기도 하는데, 이때 털이 붙은 쪽이 은면銀面이고, 분할되어 떨어져 나온 아래층은 상피床皮라고 한다. 일반적인 원피의 두께는 약 4~5mm이며, 소파에 사용되는 가죽의 두께는 약 0.7~3mm이다. 가죽은 건조하면 수축하고, 습기가 있을 때는 늘어난다. 따라서 태양빛을 직접 쬐는 것을 피해야 줄어들거나 변색되는 것을 방지할 수 있다.

가죽의 생산지는 유럽, 아프리카, 아시아, 오세아니아, 북아메리카, 남아메리카 등 전 세계적으로 널리 퍼져 있으나, 미국과 남아메리카 그리고 호주에서 생산되는 가죽이 전체의 80% 정도를 차지하고 있다. 이

렇듯 여러 곳에서 생산되는 가죽은 품질에 따라 등급이 정해지는데, 천연재료인 만큼 지리적·환경적 조건이 중요하게 작용한다. 즉 스위스, 오스트리아, 독일, 스칸디나비아반도, 미국 등에서 생산되는 가죽이 가장 우수하며, 다음으로는 북아메리카나 뉴질랜드, 러시아, 파키스탄 등에서 생산되는 것이다. 생산된 가죽은 이탈리아와 중국 그리고 브라질 등지에서 가공된다. 모로코의 테너리Tannery는 가죽을 염색하는 명소로 유명한데, 가죽을 부드럽게 하기 위해서 비둘기나 동물의 분뇨가 있는 통에 담궈 가공하는 전통적인 방법을 현재까지도 고수하고 있다. (도 2.22)

① 가죽의 종류

가죽은 크게 천연가죽과 인조가죽으로 나뉘며, 천연가죽은 다시 동물의 종류와 가공 방법에 따라 다양하게 분류된다. 원피의 크기에 따라 스킨과 하이드로 나누고, 동물의 종류에 따라서는 포유류 소, 말, 돼지, 양, 염소, 파충류 뱀, 도마뱀, 악어, 개구리, 어류 뱀장어, 상어, 물개, 고래, 조류 타조, 펭귄 등 로 구분한다. 무두질 방법에 따라서는 크롬 가죽, 알루미늄 가죽, 식물성 가죽, 오일 가죽으로 나눈다. 용도에 따라 의상지에 쓰이는 의류혁, 구두에 사용되는 신발혁, 마지막으로 소파와 같은 가구에 쓰이는 가구혁이 있다.

○ 천연가죽

천연가죽은 원피의 가장 우수한 층의 가죽에 단백질의 섬유조직을 고정시켜 가공 염색 처리한 것을 말한다. 부위별로 무늬가 다른데, 목과 배 부분은 주름이 많고 커서 소파의 경우 시각적으로 잘 띄지 않는 측면이나 안쪽에 사용하며, 무늬가 작고 고르며 매끈한 가죽은 등, 허리 엉덩이 부위로 눈에 잘 띄는 바닥방석과 등방석에 사용한다. 가죽소파에 들어가는 가죽의 양은 가죽 1평을 30.3×30.3cm으로 했을 때, 소 한 마리의 경우 평균 60평 정도가 나온다. 일반적으로 전피소파세트 1·2·3인용에 드는 가죽 소요량은 6 ~ 7마리 정도이며, 목형소파의 경우는 이보다 적은 5 ~ 6마리 정도이다. 그러나 물소 가죽소파는 12 ~ 15마리의 물소를 필요로 하기 때문에 가격이 더 비싸다. 현대에 들어서 천연가죽은 세계적으로 동물보호운동과 환경 문제로 인하여 차츰 공급이 감소되고 있는 실정이다.

천연가죽의 특징은 먼저 감촉이 좋으며, 통풍이 잘 된다. 땀과 같은 수분흡수율이 좋으며, 인체에 무해하고, 정전기가 없으며, 때가 잘 타지 않는다. 그러나 오래 쓰면 늘어나며, 표면 무늬가 고르지 않아 부위별로 골라 사용해야 하므로 재료 손실이 많아 비싼 것이 단점이다. 글씨나 문양을 새길 때는 불에 달궈진 금속으로 눌러 찍는다.

원피

생피는 동물의 피부를 가공하기 이전의 상태를 말하며, 원피는 동물의 가죽 표면에 있는 털을 비롯해 육질과 천연지방층이 가공된 상태를 말한다. 가죽을 만드는 데 가장 중요한 것은 원피이며, 이것의 품질은 생산지와 가공지에 따라 달라지는데, 특히 동물의 종류, 사육 조건, 기후와 밀접한 관련이 있다. 원피는 부패하기 때문에 이를 방지하기 위하여 생피를 소금에 절이는 염장처리법이나

도 2.23 피혁 작업장

방부제를 침투시키는 염수처리법을 사용한다. 가죽의 품질은 염수처리된 것이 좋으나 대규모의 시설이 필요하므로 대량생산을 할 때 용이하다. 가구에 쓰이는 종류에는 소, 말, 돼지, 양 등이 있다. 원피는 생유 기간이 짧을수록 조직이 치밀하며, 모공이 작고, 상처나 흠이 없어 좋다. 겨울철 원피는 털이 길고 지방분이 많아 여름철에 도살된 것보다 질이 떨어진다. 새끼를 낳은 암소는 피질이 부위별로 차이가 크고, 배 부분은 섬유가 늘어나서 면 뜨는 현상이 많이 발생한다. 또한 서늘하고 습도가 높으며, 거친 기후에서 자란 동물의 원피는 덥고 건조한 기후에서 자란 것보다 상태가 좋고, 산악 지방의 원피는 저지대 원피보다 좋으며, 중량도 20% 정도 무겁다. (도 2.23)

원피의 종류

원피는 동물의 크기나 성숙한 정도에 따라 하이드와 스킨으로 나뉜다.

하이드Hide는 원피 중량이 약 13kg 이상인 것으로 소, 말, 코끼리, 하마와 같이 몸집이 큰 동물이거나 몸집이 작은 동물이더라도 어른일 경우를 말한다. 소가죽은 가구, 의류, 벨트에 주로 쓰이며, 가죽의 은면이 얇고 편편하며, 아름답다. 소의 나이에 따라 성우피, 중우피, 소우피로 나뉘며, 가구재로는 견고한 성우피가 적당하다. 말가죽의 재질은 소가죽보다 떨어지며, 얇고 유연하고, 표면은 소가죽보다 촉감이 좋다. 또한 섬유의 탄력성이 좋고 정밀하며, 강하다.

스킨Skin은 원피 중량이 약 12~13kg인 것으로 양, 염소, 돼지, 파충류와 같이 몸집이 작은 동물이거나 몸집이 크더라도 새끼인 경우를 말한다. 양가죽은 은면층이 두껍고 유연하며, 방한성이 뛰어나다. 산양피는 가볍고 부드러워 구두의 안감이나 장갑, 의복 등에 사용된다. 돼지피는 오래 전부터 방패에 사용된 가죽으로 가죽 중에서 가장 질이 안 좋다. 은면이 두껍고 모공이 깊으며, 얇고 유연하여 안장이나 구두에 사용된다.

소파에 사용되는 소가죽의 종류

도 2.24 헤리포드

헤리포드(Hereford) 영국에서 품종으로 인정한 최초의 소로 1700년대 헤리포드셔주의 기록에서 알 수 있다. 1817년 미국에 수입되었으며, 붉은색 바탕에 흰색 무늬가 있고 머리는 흰색이다. 성장이 빠르고 기후와 풍토에 적응력이 뛰어나 방목에 알맞다. 핀란드 북극처럼 추운 지방은 물론 아열대 지역인 남아메리카 그리고 더운 남아프리카에 걸쳐 전 세계 50개국 이상에 약 5백만 마리가 있다. (도 2.24)

도 2.25 브라만

브라만(Brahman) 인도가 원산지인 소를 미국이 수입하여 개량한 것으로 남아메리카에서는 제뷰 Zebu 라고도 한다. 대부분 밝은 회색, 중간 회색 또는 붉은색을 띠며, 털이 짧다. 피부는 얇으나 단단하며, 넓은 몸통과 튼튼한 근육질을 가지고 있다. 목과 등 사이에 낙타와 같이 혹이 솟았고, 목 아래로 처진 살 그리고 축 늘어진 귀가 특징이다. 1900년부터 미국의 남부에서 길러졌고, 1933년부터 호주에 수입되었다. 고온다습한 기후와 곤충에 대한 내성이 강하며, 튼튼한 육우로 개량되었다. (도 2.25)

버팔로(Buffalo) 인도, 미얀마, 필리핀, 중국 등지에 분포하며, 털이 많고 등이 굽은 들소로 대부분 물속에서 생활한다. 회색 또는 검은색을 띠며, 긴 뿔이 있고, 털이 짧고 거칠다. 3 ~ 4mm로 일반 소가죽보다 두껍고, 털구멍이 크고 흠이 많아 거친 감이 있으나, 무늬가 은은하고 자연스러우며, 단단하고 질겨 고급 가죽소파에 사용한다. 일반적으로 물소가죽이라고 말하며, 저가 물소가죽은 주로 인도, 파키스탄 등과 같은 동남아시아 물가 주위에 사는 소의 가죽으로 약하기 때문에 코팅을 두껍게 처리한다. (도 2.26)

도 2.26 버팔로

원피 가공

원피는 스플릿팅 Splitting 이라는 가공법으로 외피 면피 와 내피로 분리한다. 외피와 내피로 나누지 않고 통으로 사용하면 통가죽이라고 한다.

외피는 동물의 가죽이나 몸 안의 여러 기관을 싸고 있는 세포층을 통틀어 이르는 말로 대부분 피부의 외층을 의미한다. 면피라고도 하며 소가죽의 바깥 부분으로 조직이 치밀하여 질기고, 통기성이 우수하며, 수분흡수성이 있다. 무늬가 일정하지 않으며, 표면의 촉감이 부드럽고, 내피에 비해 신축성이 우수하다. 단점은 스크래치에 약하고 가격이 비싼 것이다.

도 2.27 피할 작업

내피는 겉가죽의 안쪽에 있는 가죽으로 동물의 피부조직이 없는 가죽의 안감을 접착제를 사용하여 얇은 필름으로 코팅한 것을 말한다. 독고가죽 또는 스플리트 Split 가죽이라고 부르며, 강도가 약하고 무늬가 일정하여 자연미가 떨어지므로 소파의 뒷부분처럼 안 보이는 곳에 사용한다. 통기성이 나쁘며, 수분 흡수성과 신축성이 없고, 표면이 뻣뻣하다. 장점은 스크래치에 강하며, 가격이 저렴한 것이다. 두꺼운 가죽을 얇게 켜서 사용하기 위해서는 피할 작업을 거치는데, 우선 기계로 원하는 가죽의 두께를 세팅하고 한쪽에서 가죽을 밀어 넣는다. 가죽이 기계를 통과하면 맞은편 쪽의 상단으로 원하는 두께의 은면이 나오고, 나머지 필요하지 않은 두께의 상피가 기계 하단으로 떨어지게 된다. (도 2.27)

○ 인조가죽 Artificial Leather 과 합성가죽

인조가죽은 천연가죽의 장점은 유지하고, 공급 물량이 적어 고가인 단점을 극복하고자 부직포와 폴리우레탄을 소재로 하여 인공적으로 만든 가죽이다. 즉, 천연가죽의 구조와 기능을 인공적으로 만든 것이다. 인조가죽에는 액체 상태에 경화제를 추가해 고체 형태의 필름을 가공하여 천이나 부직포에 붙여 만든 PU 폴리우레탄, Polyurethane 와, 천이나 부직포 위에 PVC 분말을 바른 후 발포제를 넣고 열을 가하여 만든 PVC 폴리염화비닐, Polyvnyl chloride 가 있다.

합성가죽은 비닐가죽을 개량하고 발전시킨 것인데, 표면층만 천연가죽과 비슷하다. 가죽이나 나일론을 원료로 화학적으로 합성하여 가죽처럼 만든 가죽 대용품으로 합성피혁이라고도 한다. 각종 가방류, 책의 두꺼운 표지에 사용하는데, 가죽에 비해 값이 싸면서도 보기에는 가죽과 비슷하다.

인조가죽의 특징은 먼저 가볍고, 때가 타거나 쉽게 오염되지 않아 관리가 용이하다. 가격이 천연가죽에 비하여 저렴하고, 색상이 다양하다. 제작가공성이 좋고, 글씨나 문양을 새길 때는 자수나 특수페인트로 처리한다. 그러나 통풍이 안 되며, 땀과 같은 수분흡수율이 낮다. 오래 쓰면 표면이 갈라지거나 깨지고, 천연가죽보다 표면 강도가 강하여 부드럽지 않다. 또한 무늬가 일정하여 대량생산에 용이하나, 자연미가 떨어지는 것이 단점이다.

○ 기타 가죽

샤무드 Chamude

샤무드는 스웨이드와 샤무아 Chamois 의 합성어로 초극세사로 만든 인공 피혁을 말한다. 샤무아는 유럽 중남부와 소아시아 등지의 산악지대에 서식하는 산양으로 주황색이나 검은빛을 띤 갈색이다. 털이 짧고 얼룩에 취약하지만, 벨벳에 비해 늘어남은 덜하다. 신발이나 잡화용은 나일론 샤무드를 사용하며, 가구에는 폴리에스테르 샤무드가 사용된다. 외관이 아름답고, 보온성이 뛰어나며, 촉감이 부드럽다. 또한 가볍고 대량생산이 용이하다. (도 2.28)

도 2.28 샤무아

스웨이드 Suede

세무라고도 하며, 새끼 양이나 소의 가죽을 보드랍게 보풀린 가죽 또는 그것을 모방하여 짠 직물이다. 벨벳처럼 처리해놓은 가죽으로 광택이 없으며, 타닌산이라든가 의산알데히드로 탈지 가공하고, 안쪽을 숫돌로 문질러 솜털을 세운 것이다. 겉가죽 밑의 조직으로 가

도 2.29 스웨이드

볍고, 부드러우며, 흡습성과 유연성이 뛰어나다. 탄력성과 내구성이 떨어지며, 코팅되어 있지 않아 오염에 약하고 세탁이 어렵다. 새끼염소가죽뿐만 아니라 송아지와 사슴, 양 그리고 돼지피로도 응용하며, 가방·구두·장갑·재킷 제작을 비롯하여 가죽제품의 안감으로도 쓰인다. (도 2.29)

누벅 Nubuck

톱 그레인 가죽의 한 종류로 스웨이드와 비슷하지만, 가죽의 바깥 부분으로 만들어져 스웨이드보다 털이 짧고 강도가 우수하다. 촉감이 부드러우며, 광택이 자연스럽고 일반 가죽에 비해 가볍다. 또한 물에 닿으면 색이 어두워지지만, 마르면 원래 색으로 돌아온다. 긁혔을 때 쉽게 티가 나며, 연마 작업 및 스탬프 공정을 덮기 위해 염색해야 하므로 스웨이드보다 비싸다. (도 2.30)

도 2.30 누벅

베지터블 가죽 Vegetable Leather

태닝 Tanning, 무두질에는 화학적 방법과 자연적 방법이 있는데, 베지터블은 원시시대부터 사용해온 자연적 태닝에 속한다. 함초수 Mimosa, 참나무, 전나무, 밤나무 등의 탄닌 성분으로 태닝한 것으로 색깔이 선명하고, 천연가죽 느낌이 강하며, 인체에 무해하다. 표피가 살아 있고 염색만 했기 때문에 촘촘한 모공이 살아 있는 것이 특징이다. 조직이 치밀하여 내마모성이 우수하고, 통기성과 흡수성이 뛰어나다. 열에 약하고, 태닝 시간이 길며, 수작업이 많아 가격이 비싼 단점이 있다. 태닝 시간이 긴 단점을 보완한 것이 화학적 방법인 크롬 처리 가죽이다.

아닐린 가죽 Aniline Leather

도 2.31 아닐린 가죽

합성염료로 반투명이며 수용성의 무독성 염색 약품인 아닐린 염료로 염색한 가죽으로, 보호코팅과 같은 후가공이 없는 원피에 가까운 가죽을 말한다. 원피 중에서 흉터나 흠 또는 주름이 없는 부분만 골라서 만들어야 하므로 가격이 비싸지만, 부드럽고 가죽 고유의 질감이 살아 있다. 최고급 소파에만 사용되는 이것은 흡수력과 통기성이 우수하며, 시간이 지날수록 더욱 고풍스럽지만, 흠집이 잘 나기 때문에 관리가 어렵다. (도 2.31)

통가죽

아닐린 가죽과 달리 보호코팅 처리를 하여 원피에 흠이 있어도 잘 보이지 않으므로 흉터나 주름 등이 있는 부분도 사용할 수 있다. 코팅으로 인해 오염이 잘 되지 않아 관리가 용이하며, 아닐린 가죽보다 두껍다. 내구성이 좋아 수명이 길지만 표면이 딱딱하다. 통가죽 중에서 천연통가죽의 두께가 가장 두꺼우며, 약 2.4 ~ 2.6mm이다. 일반 가죽이 약 0.9 ~ 1.1mm이므로 두 배 정도 두꺼운 것이다.

풀 그레인 가죽 Full Grain Leather

원피 중 털이 붙어 있는 표피층을 제거하고, 그레인층을 99% 사용한 것이다. 천연가죽의 모공이 살아 있어 통기성이 좋고 부드러우며, 두께가 얇다. 내구성이 우수하며, 오래 사용 시 자연스런 광택이 특징이다. 가죽에 상처가 있을 수 있으며, 약하고 가격이 비싸 고급 소파에만 사용된다.

탑 그레인 가죽 Top Grain Leather

두꺼운 원피에서 피할로 얻어진 은면을 말하며, 그레인층을 40~75%를 사용한 가죽이다. 풀 그레인보다 품질이 낮은 원피로 만들어지므로 은면을 깎아내거나 염색하는 가공을 거친다. 내구성은 좋으나 가공 시 깎여 나간 모공으로 인해 통기성이 떨어지며, 오래 사용하면 변형이 온다. 엠보싱 처리를 하여 실용성이 우수하고 부드럽다. (도 2.32)

도 2.32 풀 그레인과 탑 그레인

스카이버 가죽 Skiver Leather

양이나 염소가죽을 가공하면서 은면이 일정하지 않게 분할된 가죽을 말한다. 인장강도가 약하고 크기가 작아 종이나 천에 붙여 가죽처럼 보이게 할 때 사용한다.

엠보싱 가죽 Embossing Leather

열과 압력을 가해 직물이나 가죽 또는 플라스틱의 표면에 울록볼록한 무늬를 만드는 것으로 악어무늬나 파이톤무늬 등을 찍는다. 금속의 요철 사이에 종이

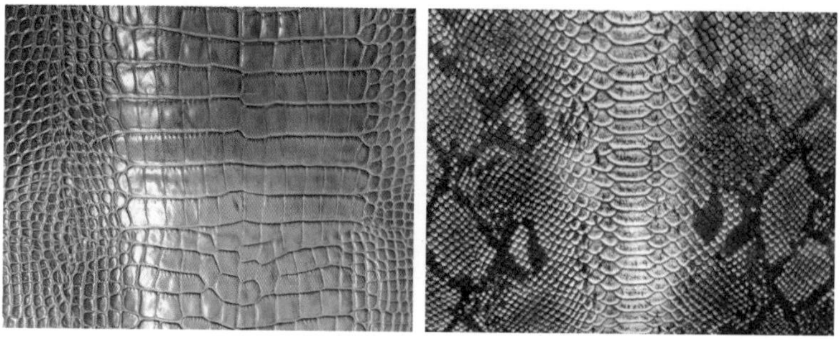

도 2.33 악어엠보가죽(좌)과 파이톤무늬(우)

나 직물, 가죽, 금속판 따위를 끼운 뒤 그 뒷면에서 강하게 압력을 주어 밖으로 무늬를 도드라지게 만든다. 엠보싱으로 원하는 무늬를 얻을 수 있으며, 두께가 두툼하여 촉감이 좋다. 고밀도 직물수지 위에 PU수지를 코팅하고 건조하기 전에 엠보싱을 만드는데, 주로 인조가죽에 사용한다. 탑 그레인 가공 시 표피를 제거하면서 원피의 엠보싱이 없어져 인공적으로 엠보싱을 만든다. 스크래치, 상처 등의 흠을 없애주며, 도장 코팅으로 인해 가죽이 늘어날 수 있는 여지를 주기 위해 엠보싱 처리를 한다. (도 2.33)

슈렁큰 가죽 Shrink Leather

일반적으로 가죽의 제공 면적을 넓히기 위해 가죽을 늘리는 작업을 하나 슈렁큰 가죽은 그와 반대로 가죽의 표면을 수축시켜 은면에 주름이 생기도록 한 것이다. 원래 가죽의 크기를 80 ~ 90% 정도로 줄이며, 여기에 엠보싱 처리를 하기 때문에 두껍다. 스크래치에 강하며, 무겁지만 탄력성과 폭신한 질감이 우수하다.

나파 가죽 Nappa Leather

물리적인 가공을 최소화한 것으로 미국 캘리포니아주의 나파벨리 Napa Valley

에 위치한 피혁공장에서 생산된 가죽에 붙여진 이름이다. 부드럽고, 두께감이 있으며, 자연 광택이 우수하여 고급 자동차에 사용한다.

페이턴트 Patent

천연가죽의 일종으로 크롬 유피의 은면에 에나멜이나 우레탄을 도장하여 유리와 같은 광택이 나며, 습기에 강하다. 에나멜층은 다른 색을 잘 흡수하므로 다른 소재와 겹쳐두지 말아야 한다. (도 2.34)

도 2.34 페이턴트

복스 Box

무두질한 송아지가죽을 말하며, 가죽의 표면을 갈아내고 도장하여 매끄러운 가죽으로 은면을 안쪽으로 접었을 때 나타나는 주름의 상태를 의미한다,

② 가죽의 조직

가죽은 표피층表皮層과 진피층眞皮層으로 구성된다. 표피층은 가죽 전체 두께의 1% 내외를 차지하며, 케라틴Keratin이라는 단백질로 이루어져 있다. 진피층은 콜라겐Collagen이라는 단백질로 이루어진 섬유가 종횡으로 교차해서 섬유구조를 이룬다. 무두질을 통해 유피가 되며, 유두층乳頭層과 망양층網樣層으로 구분된다. 유피는 가죽에서 털을 제거하고 무두질한 제품이며, 생피는 무두질을 하지 않은 것을 말하고, 유피와 생피를 포함해 피혁이라고 한다.

유두층은 모낭·땀샘·피지선·입모근立毛筋이 있으며, 가죽을 무두질하기 전에 표피층은 털과 함께 제거되고, 진피의 유두층 위 표면이 유피

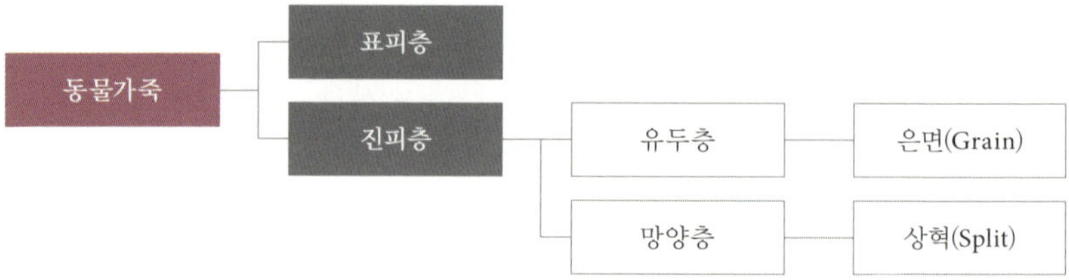

도 2.35 가죽의 조직

표면이 되는데, 이것을 흔히 은면銀面: Grain이라 한다. 구조가 치밀하며, 섬유가 가늘어 유연하고, 촉감이 부드럽고 가죽의 패턴이 보이는 부분이다. 모혈毛穴이나 피구皮丘, 피구皮溝의 기복起伏에 따라 동물 특유의 오목 볼록한 모양을 나타낸다. 망양층은 굵은 콜라겐 섬유가 종횡으로 교차하며, 강도가 크므로 가죽의 강도를 결정한다. (도 2.35)

또한 가죽은 외피와 내피로도 구분하며, 외피는 면피라고도 부르며, 풀 그레인과 탑 그레인이 여기에 속한다. 면피의 평균 두께는 0.9mm이며, 통가죽의 평균 두께는 약 1.6mm 이상이다. 천연가죽은 면피, 통가죽, 풀 그레인, 탑 그레인을 말하며, 인조가죽은 레자, PU, PVC를 포함한다. 내피는 상혁 또는 스플릿 가죽이라 하며, 땀 흡수가 잘 안 되고, 내구성이 떨어진다. 이것은 가죽 피부층이 없는 내피 위에 필름 또는 우레탄 코팅 등의 인조피부를 만든 천연가죽이다.

③ 가죽 가공

○ 동물의 원피 준비

도축장에서 동물 몸의 원피만 벗겨내 가죽공장으로 옮긴다. 동물은 도살 직후부터 바로 부패하므로 소금에 염장한다.

○ **수침** Soaking

도살 직전의 천연수분 상태를 유지하기 위하여 원피 표면에 붙은 오물과 단백질을 제거하고, 가죽에 수분을 공급하는 공정이다.

○ **석회 작업 및 탈모 작업하기**

석회를 넣은 물에 원피를 담그고, 털과 불필요한 지방을 제거한다. 기계로 표피를 제거하고, 여러 가지 과정을 거쳐 진피층만 남긴다. 진피는 다시 진피 상부층이 유두층 은면층 과 진피 하부층 망양층 으로 나누며, 은면층은 겉감 가죽, 망양층은 안감 가죽으로 사용된다.

○ **무두질** Tanning : 태닝

도 2.36 무두질(YM테크)

무두질이란 진피에 화학적 및 기계적 처리를 가하여 부드럽고 질긴 가죽으로 만드는 과정을 말하며, 기원전 4000~3000년경 이집트시대부터 사용된 것으로 알려져 있다. 무두질에 따라 가죽의 품질이 결정된다. 무두질의 방법에 따라 크롬 태닝, 베지터블 태닝, 오일 태닝, 알루미늄 태닝 등이 있다. 크롬 태닝은 열에 강하고 가공 시간이 짧다. 저렴하고 염색이 용이하며, 베지터블 가죽보다 얇고 부드럽다. 가죽 시장의 80% 이상을 차지하나, 화학적 처리로 인해 환경오염의 문제를 야기하고, 가죽의 수명이 짧은 단점이 있다. 반면에 베지터블 태닝은 크롬 태닝보다 품질이 좋고, 친환경적이다. 가죽의 수명이 길고, 초기에는 가죽이 딱딱하나 시간이 지날수록 촉감이 좋아진다. 그러나 크롬 태닝에 비해 가죽 색상이 선명하지 않으며, 가공 시간이 오래 걸려 가격이 비싼 것이 단점이다. (도 2.36)

○ **물 짜기** Saymmying

가죽의 두께를 일정하게 하는 셰이빙 작업에 적합하도록 기계를 이용하여 균일하게 수분을 제거하는 공정이다. (도 2.37)

○ **가죽 늘리기**

물 짜기가 끝난 가죽을 건조시킨 후 뭉쳐진 가죽을 기계로 얇게 늘린다.

○ **셰이빙** Shaving

염색을 위해 피할 과정을 통해 가죽 두께의 불균일을 보완하는 공정으로 가죽의 최종 두께가 결정된다.

○ **염색** Dyeing

염료를 사용해 가죽의 색상과 필요한 성질을 부여해주는 공정으로 다양한 염색 방법이 있다. 염료 침투가 우수한 드럼 염색 그리고 가죽 중량의 600% 정도의 물 사용으로 염료 침투가 빈약해지고 용액비가 높으나, 드럼 염색의 심한 기계적 운동으

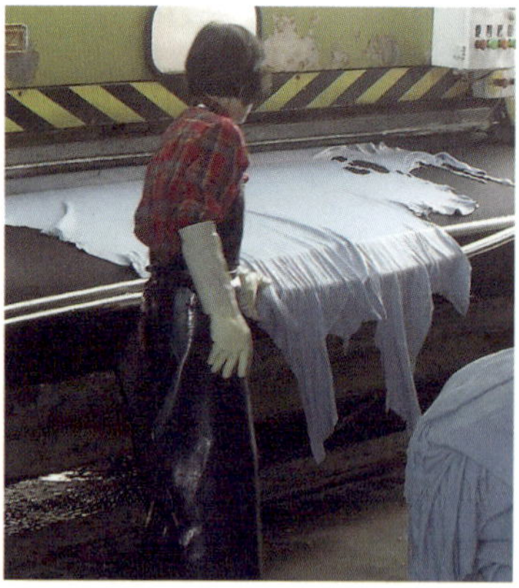

도 2.37 물 짜기

도 2.38 염색

로 손상을 입을 수 있는 가죽의 염색을 위해 사용하는 패들 염색 등이 있다. 이 외에도 목납, 파라핀, 밀납 등을 이용하여 가죽 표면에 직접 칠해 방염 처리하고 염색하는 바틱 Batik 염색이 있다. (도 2.38)

○ 가죽 펴기

염색이 끝난 가죽의 수분을 제거하고, 은면을 평활하게 하는 공정이다.

○ 건조 Drying

수분을 제거하는 공정으로 가죽의 촉감, 두께, 색상, 수율에 밀접한 관계가 있다. 대량생산에 용이한 자연건조와 뜨거운 공기를 주입하는 열풍건조가 있다.

○ 조습 Conditioning

습도 조절을 통해 건조 시 과도하게 건조된 부분의 손상을 방지하는 공정이다.

○ 밀링 Milling

드럼에 가죽을 넣고 돌려 가죽을 부드럽게 만드는 공정이다.

○ 신장 Toggling

가죽을 클립으로 팽팽히 당겨 평활하게 고정하여 건조시키는 공정이다. (도 2.39)

○ 마무리 Finishing

건조된 가죽의 불필요한 부분을 칼로 다듬고, 기계사포로 가죽 표면을 고르고 매끄럽게 만든다. (도 2.40)

도 2.39 신장

도 2.40 가죽 사포연마

○ 도장 Coating

압축기로 원하는 색상을 가죽 표면에 뿌리며, 이것을 보호하기 위해 막을 형성하고 원하는 광택을 만드는 공정이다.

○ 열압 Ironing

특수한 무늬가 필요할 때, 가죽을 열과 압력으로 눌러주는 공정이다.

○ 품질 검사 Inspecting

완성된 가죽의 면 상태, 색상, 두께, 강도를 확인한다. 또한 마찰견뢰도, 내굴곡성, 일광견뢰도 등의 시험을 진행한다.

○ 계평 Measuring

모든 공정을 마친 가죽의 크기 평수 를 기계로 측정하는 공정이다.

5) 천

천은 의자의 좌판과 등받이에 부분적으로 사용되거나 소파 전체에 사용된다. 섬유는 크게 천연섬유와 인조섬유로 나뉘며, 가구를 오래 쓰기 위해서는 사용되는 재료의 실용성이 좋아야 하기 때문에 천연섬유보다는 인조섬유가 주로 사용된다.

의복, 커텐, 침구를 비롯하여 의자의 좌판이나 등받이 그리고 소파 등에 사용되는 천은 가죽보다 쉽게 오염되기 때문에 세탁이 용이하도록 탈부착이 쉬워야 한다. 또한 잦은 마찰에 의해 생기는 보푸라기가 적어야 하며, 방수·방충·방오 처리가 되어 있는 것이 좋다. 천소파의 정전기는 겨울에 건조하기 때문에 생기며, 주로 인조섬유에 나타난다. 정전기 방지를 위해서는 실내에 수분을 보충하거나 손과 몸이 건조하지 않도록 하고, 정전기 방지용 세제를 넣어 세탁하는 것이 좋다.

날염은 염색법의 하나로 천을 짠 후에 부분적으로 무늬와 색상을 가미한 것으로 착색제에 따라 염료날염과 안료날염으로 나뉜다. 선염은 직조 전에 실을 염색하는 것으로 후염에 반대되는 말이다. 선염은 견뢰도가 강하고, 날염과 달리 직조한 것의 앞뒤 차이가 없다.

① 천연섬유

천연섬유란 천연 그대로의 상태로 간단한 물리적 조작에 의해 섬유로서 이용할 수 있는 것을 가리킨다. 크게 식물섬유, 동물섬유, 광물섬유로 구분한다. 천연섬유의 특징은 쾌적성이 뛰어나며, 인조섬유보다 심미성이 우수하다. 공급이 일정치 않아 가격변동성이 크다. 또한 재배, 사육, 기후에 영향을 받아 생산량을 조절하기 어렵다.

○ 식물섬유

면 Cotton

도 2.41 목화

무명이나 목화솜에서 나온 실이나 그 실로 짠 천으로 튼튼하며, 습기가 많을 때 강도가 불어나므로 세탁에 강하고 보온성도 뛰어나다. 방적하기 쉽고, 흡수성과 염색성이 우수하다. 또한 수분이 증발할 때에 열을 빼앗으므로 여름옷으로 적당하다. 쉽게 구겨지고 오그라드는 단점 때문에 샌퍼라이즈Sanforize 가공이나 실크의 광택을 첨가하는 실켓Silket 가공이 이루어지고 있다. 샌퍼라이즈 가공은 미리 한 번 수축시켜놓는 것으로 방축 가공의 하나이다. 의료·장식·공업용품 등 실용적인 용도로 많이 사용되며, 면의 생산 및 소비량은 전체 섬유의 약 50%를 차지한다. (도 2.41)

마 Linen

도 2.42 리넨

흡수성이 빠르며 또한 수분을 쉽게 증발시킨다. 튼튼하고 광택이 풍부하며, 열의 양도체良導體로 여름 의복으로 적합하다. 황마黃麻·아마亞麻·대마大麻·저마苧麻는 식물의 줄기에서 나오며, 부드럽고 의료衣料의 원료로 사용되고 있다. 사이잘마·마닐라마 등은 잎에서 취한 것으로 단단하고, 산업용 직물·인테리어용으로 사용한다. 아마는 리넨이라고도 하며, 아마의 목질 부분을 이용하여 만든다. 열전도율이 크고 뻣뻣하여 시원하고 편해서 여름철 옷감으로 사용되나 잘 구겨져 폴리에스테르나 아크릴과 혼방하여 쓰인다. (도 2.42)

○ **동물섬유**

견 Silk

누에고치에서 뽑은 실로 만든 섬유로 촉감이 부드럽고 광택이 있으며, 보온성이 우수하다. 가볍고 질기나, 햇볕에 오래 노출되면 색이 변하는 단점이 있다. 원산지는 중국이며, 견의 수출 국가로 중국과 한국을 들 수 있다. (도 2.43)

도 2.43 누에고치

모 Wool

양이나 염소의 털로 만든 섬유로 흡습성과 탄력성, 보온성이 뛰어나다. 표면에 털비늘이 있으며, 구겨지지 않고 형태가 흩어지지 않는다. 소파나 의자의 커버로 사용되며, 수축이 잘 되므로 물세탁 시 주의해야 한다. 오스트레일리아의 양모 생산은 전 세계 생산량의 1/3을 차지하고, 우리나라는 전량 수입에 의존하는 실정이다. (도 2.44)

도 2.44 양모

② 인조섬유

인조섬유는 주로 목재·석유·석탄·천연가스에서 얻으며, 화학섬유라고도 부른다. 천연섬유의 단점을 보완하여 만든 것으로 크게 무기질과 유기질 섬유로 나뉜다.

인조섬유의 특징으로는 자연조건의 제약을 받지 않으며, 천연섬유에 비해서 가볍고 질기다. 내구성이 있으며, 생산의 증감이 비교적 자유로워 생산량을 조절할 수 있다.

○ 인조섬유의 종류

레이온 Rayon

천연재료를 화학적으로 처리한 것으로 재생섬유로도 부른다. 흡습성과 광택이 좋으며, 외관이 실크와 비슷하고, 매끄러우며, 정전기가 잘 생기지 않는다. 강도가 약하여 옷의 안감에 사용되며, 물에 젖으면 약해지고, 주름이 잘 지며 줄어들기 쉬운 단점이 있다. (도 2.45)

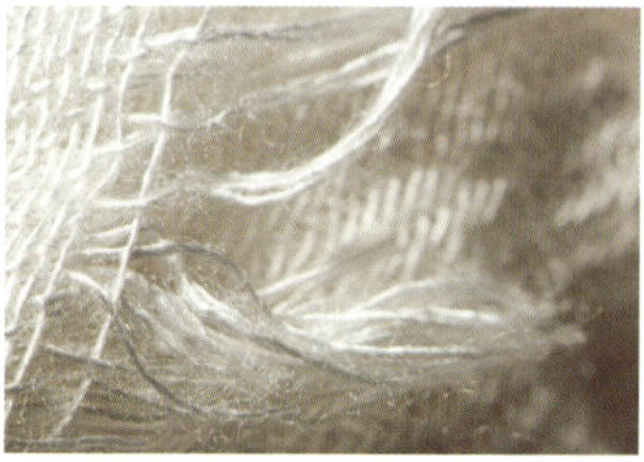

도 2.45 레이온

나일론 Nylon

가장 오래된 합성섬유로 원유를 원료로 하며, 1938년 미국에서 발명되었다. 강도와 탄성이 크며, 마찰에 강하고, 양모보다 가볍다. 또한 보온성과 방충성이 우수하나, 흡습성이 좋지 않고 햇빛에 약하다. (도 2.46)

도 2.46 나일론

폴리에스테르 Polyester

나일론 다음으로 강도가 크고, 잘 구겨지지 않아 면, 마, 양모 등과의 혼방에 사용한다. 인조섬유 중 가장 많이 사용

도 2.47 폴리에스테르

되며, 건조가 빨리 된다. 흡습성과 신축성이 부족하고, 정전기가 잘 발생하는 것이 단점이며, 소파나 침대머리판, 의자 커버에 사용된다. (도 2.47)

③ 기타

○ 자카드 Jacquard

도 2.48 자카드

이것은 자카드 직조기를 사용하여 여러 가지 색상의 실로 짠 원단으로 인쇄와 달리 세탁에도 무늬 손상이 없다. 즉, 복잡한 꽃이나 식물줄기 또는 기하학적인 자유곡선의 문양이 바탕천보다 도드라지게 만들어진 것이다. 일반 천보다 두꺼우며 무겁고, 늘어지지 않는다. 가격이 비싸고, 소재로는 샤넬, 면, 폴리 혼방, 모, 실크 등 다양하게 생산된다. 의자 등받이나 좌판, 소파, 쿠션, 커텐 등에 사용된다. (도 2.48)

○ 벨벳 Velvet

비로드 Veludo 라고도 하며, 종류에는 시폰 벨벳 Chiffon Velvet, 레이온 벨벳 Rayon Velvet, 브로케이드 벨벳 Brocade Velvet 등이 있다.

벨벳은 이탈리아어의 벨루토 Velluto 에서 유래하였으며, 르네상스의 대표적인 복식 服飾 재료로 보급되었다. 독특한 광택, 촉감, 외관 등으로 귀하게 여겨졌는데,

도 2.49 벨벳소파

생산의 증가와 종류의 다양화에 따라 널리 보급되었다. 의류, 모자, 실내장식, 의자 덮개 등에 사용된다. 벨벳소파는 부드럽고, 비교적 집진드기가 적게 서식하는 편이다. 또한 앤틱 스타일의 소파에 주로 쓰이며, 우아하고 고급스러우며 여성적이지만 관리가 어렵다. (도 2.49)

6) 충전재

① 스펀지 Sponge

스펀지는 소파의 외형을 잡아주고, 착석감을 높여주는 재료로 부위에 따라 각기 다른 강도의 재질이 선정된다. 재생 여부에 따라 화학 스펀지와 마블 스펀지로 나누며, 소파에는 대부분 화학 스펀지가 사용된다.

스펀지의 밀도는 복원력과 내구성에 영향을 미치며, 밀도 측정치수는 kg/m^3로 표시한다. 일반적으로 $30kg/m^3$ 이상을 고탄성 스펀지라고 하며, 숫자가 큰 것이 밀도가 높은 것이다. 고밀도 스펀지는 눌렀을 때 단단하며, 변형이 적고, 복원력이 뛰어나다. 바닥방석에는 인체의 하중을 견딜 수 있는 고밀도나 고탄성 스펀지를 사용하며, 등방석에는 고밀도나 저탄성 스펀지를 사용한다.

○ HSS 스펀지 High Special Soft Sponge

저탄성의 스펀지로 바닥방석에 가장 많이 쓰인다. 경도를 낮추면서 밀도를 올린 것으로 인체의 접촉 부분에 사용된다.

○ HR 스펀지 High Resilience Sponge

오랫동안 사용해도 변형이 잘 생기지 않는 고탄성의 스펀지로 강도가 커서 단단한 느낌이며, 바닥방석의 가장 밑부분에 사용한다. 경도가 높고, 종류에는 흰색, 청색, 노란색이 있다. 탄성과 밀도에 따라 등급이 분류되며, 가격이 비싸 고급 소파에 사용한다. (도 2.50)

○ HS 소프트 스펀지 High Resilience Soft Sponge

말랭이 스펀지라고도 하며, 20~35kg/m³의 밀도로 부드럽고, 푹신한 쿠션감이 우수하다. HR 골드 스펀지에 비해 비싸며, 주로 등방석이나 바닥방석에 사용하나 가격이 비싸 저렴한 포솜으로 대체되기도 한다. 소파 외에도 침구, 쿠션, 포장재 그리고 수세미로도 사용된다. (도 2.51)

도 2.50 고탄성 스펀지 HR 25K

도 2.51 소프트 스펀지

○ **마블 스펀지** Marble Sponge

스펀지의 자투리를 모아 조각으로 분쇄한 후 접착제를 발라 압축시켜 만든 재생 스펀지이다. 복원력이 낮고, 무겁고 냄새가 나며, 접착 부분의 조각이 떨어지는 단점이 있다. 가격이 저렴해 저가의 소파나 수입 인조가죽 소파 등에 사용된다. 종류에는 고탄성 마블 스펀지와 고밀도 마블 스펀지가 있다. (도 2.52)

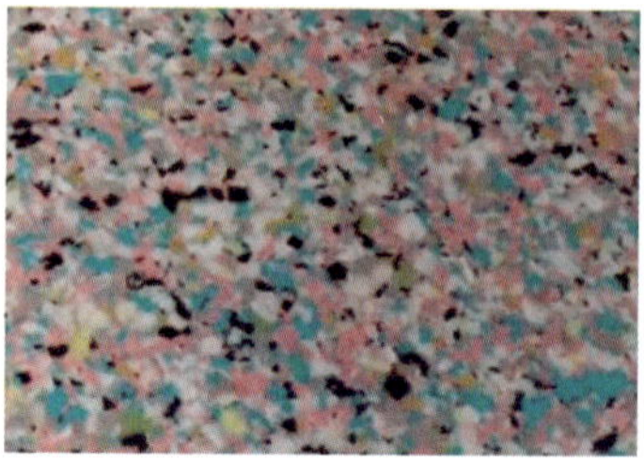

도 2.52 마블 스펀지

② **라텍스** Latex

라텍스는 천연고무를 의미하는 말로 17세기 이후부터 사용되었다. 고무나무와 같은 식물에서 얻어지는 천연라텍스와 석유화학 원료로 합성한 합성고무 입자를 수용액에 분산시켜 만든 합성라텍스가 있다. 고무나무에 칼집을 내고 채취한 액체는 다양한 방법으로 농축된 원액에 폼산Formic acid, 아세트산Acetic acid 등을 첨가하면 천연고무가 응고된다. 라텍스는 신축성이 뛰어나 오랫동안 사용해도 형태 변화가 없고, 항균성도 우수하다. 고급 소파의 경우에는 고탄력 스펀지 대신에 이것을 사용하거나, 포켓스프링 윗부분에 스펀지 대신 사용하기도 한다. 소파 이외에도 침대의 매트리스로 사용되는데, 라텍스를 사용할 때는 습기가 없고 그늘진 곳에 보관하고, 세탁하지 않는 것이 좋다. 위와

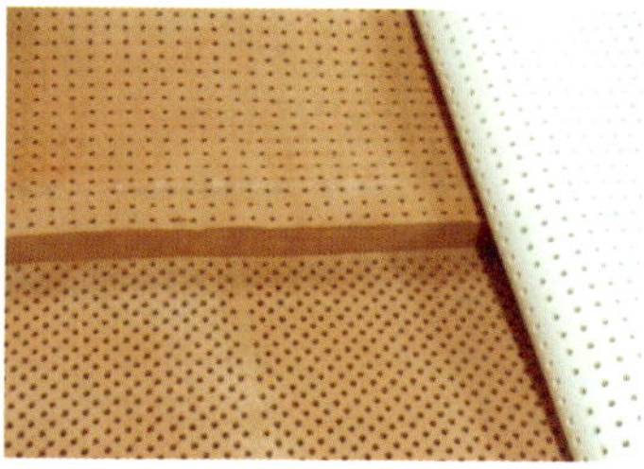

도 2.53 라텍스

같이 라텍스는 침구류 이외에도 고무 장갑, 젖병 그리고 씹는 껌에도 사용된다. (도 2.53)

③ PE폼 Polyethylene Foam

도 2.54 PE폼 붙이기

폴리에틸렌에 첨가제를 혼합하여 화학 처리한 것으로 소파의 완충재로 사용된다. 내수성이 강하고, 흡수율이 낮으며, 보온성이 뛰어나다. 쿠션감과 성형성이 우수하여 가구 완충재로 사용되며, 소파 제작 시 목재 틀 위에 부착된다. 이외에도 충격 흡수재로 뛰어나 각종 스포츠 가방을 비롯해 냉장고의 보냉재로도 쓰인다. (도 2.54)

④ 폴리우레탄폼 Polyurethane Foam

원유에서 추출한 부산물로 만들어졌으며, 쿠션재와 단열재로 쓰인다. 대부분의 메모리폼은 우레탄폼으로 만들어졌으며, 견고하고 내구성이 강해 건물이나 자동차에 사용하지만, 부드럽고 다양한 형태의 구현이

용이하여 소파나 매트리스를 제작할 때 쿠션재로도 사용한다. 단열성이 크고, 전기절연성이 뛰어나며, 강도가 큰 장점이 있으나, 가연성이 높고, 연소 시 유독가스가 나오는 것이 단점이다. (도 2.55)

도 2.55 폴리우레탄폼

⑤ 데이크론 Dacron

데이크론은 테릴렌 Terylene 이라고도 하며, 미국의 상표명에서 나온 말이다. 양털과 비슷한 폴리에스테르계 합성섬유의 하나로 잘 구겨지지 않고 마찰과 물에 강하다. 또한 보온 및 보냉이 뛰어나 옷감은 물론 호스나 어망 제조에도 사용된다. (도 2.56)

도 2.56 데이크론

⑥ 오리털과 거위털

오리털과 거위털은 고급 소파의 바닥방석과 등방석의 충전재로 사용된다. 포솜보다 빨리 숨이 죽는 다운 Down : 솜털 의 단점으로 다운과 깃털이 절반씩 섞여 있는 것이 좋다. 그러나 다운의 가격이 비싸 대부분의 소파에는 깃털을 사용한다. 털이 바깥으로 빠져나오지 못하도록 방석 내부에 고밀도 천으로 마감해야 하며, 방석의 내부를 여러 개의 공간으로 분할하여 털이 한쪽으로 쏠리는 것을 막아야 한다. 사용할 때는 흩어지거나 뭉치는 것을 방지하기 위해 자주 두드려준다.

오리털은 복원력이 뛰어나고, 가벼우며, 보온성이 우수하고, 따뜻하다. 거위털은 오리털에 비해 밀도가 높고, 공기함유량이 높아 보온성이 뛰어나다. 사용할 때는 오리털과 마찬가지로 흩어지거나 뭉치지 않도록 자주 두드려준다. (도 2.57)

도 2.57 오리털

⑦ **마이크로 화이버 Micro Fiber 솜**

초극세사의 신소재로 아주 얇은 굵기로 항균 처리가 되어 있어 위생적이고 아토피 예방에 좋다. 부드럽고, 밀도가 높으며, 복원력과 보온성이 우수하다. 땀을 빨리 흡수하고 건조시켜 물세탁이 용이하다. 섬유조직층의 간격이 좁아서 진드기나 곰팡이의 서식을 방지한다. (도 2.58)

도 2.58 마이크로 화이버 솜

⑧ **포솜**

폴리에스테르로 만들어진 것으로 촉감이 부드럽고, 가격이 저렴하다. 오리털에 비해 쿠션감은 떨어지나 순간 회복력은 오리털보다 빠르다. 세탁 및 관리가 쉬워 쿠션이나 인형 속재료 그리고 소파의 등방석이나 팔걸이에 충전재로 사용된다. 숨이 빨리 죽어 납작해지는 것이 단점이며, 등방석에 넣을 경우 아래로 처지기 때문에 방석 내부를 여러 개의 공간으로 분할하여 포솜을 넣어야 한다.

⑨ 캐시밀론 Cashmilon

일본에서 개발한 상표명으로 캐시미어Cashmere와 나일론Nylon의 합성어이다. 천연가스에서 만든 합성수지를 원료로 한 아크릴 계통의 하나로 촉감은 캐시미어와 흡사하다. 가볍고, 염색이 잘 되며, 보온성이 뛰어나 담요나 속내의를 만드는 데 사용된다. 소파에서는 가죽이나 천으로 된 외장 커버를 씌우기 전에 스펀지 위에 덮는 데 쓰인다. 이것은 소파의 외형을 아름답게 보이게 해줄 뿐만 아니라 착석감이 포근하며, 스펀지나 폼과 같은 충전제가 겉감인 가죽과 마찰하여 마모되는 것을 방지하기도 한다. (도 2.59)

도 2.59 캐시밀론

2. 소파의 부자재

1) 하드웨어

① 벨트

얇은 고무 벨트로 소파의 바닥방석 아래나 등받이 뒤에 위치한다. 목재나 금속 틀에 고정되어 방석의 쿠션감 및 복원력에 도움을 준다. 작업성이 좋고, 가격이 저렴하나, 장기간 사용 시 아래로 처지는 것이 단점이다. 바닥방석이 소파 틀과 분리될 경우 주로 사용하는데, 영국과 미국은 바닥방석이 분리된 것을 선호하므로 S스프링보다는 주로 벨트를 사용한다. 벨트의 폭이 넓을수록 좋으며, 주로 50~70mm를 사용한다. (도 2.60)

도 2.60 소파 틀의 벨트

② **포켓스프링**

코일스프링이 부직포로 된 각각의 포켓에 들어가 있어 스프링끼리의 마찰음이 없다. 또한 쿠션의 외형 변화가 없고, 옆에 사람이 착석을 해도 흔들림이 거의 없는 것이 장점이다. 그러나 내구성이 약하며, 특정 부위의 스프링이 먼저 찌그러질 수 있는 단점이 있다. 인체의 하중을 분산해서 지지하므로 탄력적이면서도 부드러운 착석감을 동시에 구현할 수 있다. 수입 가죽소파에 주로 사용되며, 국내에서 제작되는 소파에는 거의 사용되지 않는다. 내장재를 눈으로 확인할 때, 소파의 바닥방석을 정면에서 바라보면 가운데가 불룩하게 올라오는 것이 포켓스프링이며, 반면에 스펀지는 평평하다. (도 2.61)

도 2.61 포켓스프링

③ **S스프링**

바닥방석 제작 시 스펀지를 받쳐주는 역할을 하며, 중국에서 수입된 소파에 많고 국내에서는 벨트로 마감한다. 바닥방석이 소파 몸통과 분리되지 않고 고정될 경우 사용하며, 착석감과 내구성이 벨트보다 우수하다. 그러나 가격이 비싸고, 소음이 나는 것이 단점이다. S스프링을 사용하는 이유는 벨트보다 제작 과정이 단순하기 때문이나 소파를 오래 사용하면 스프링이 탈선하고, 착석감이 벨트보다 약하

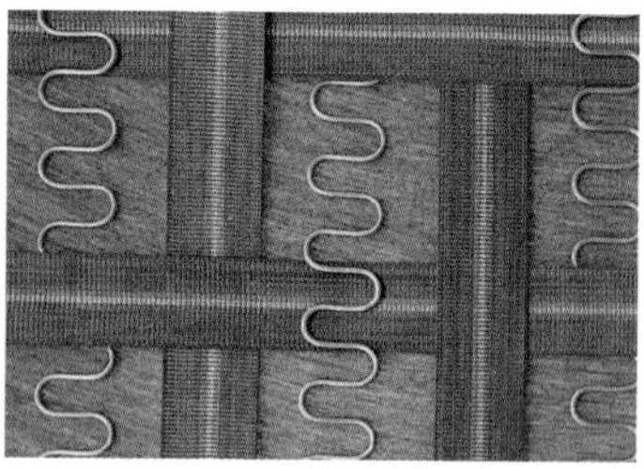

도 2.62 S스프링과 벨트

므로 경우에 따라서는 그림과 같이 스프링과 벨트를 혼합하여 사용한다. (도 2.62)

2) 수공구

① 자

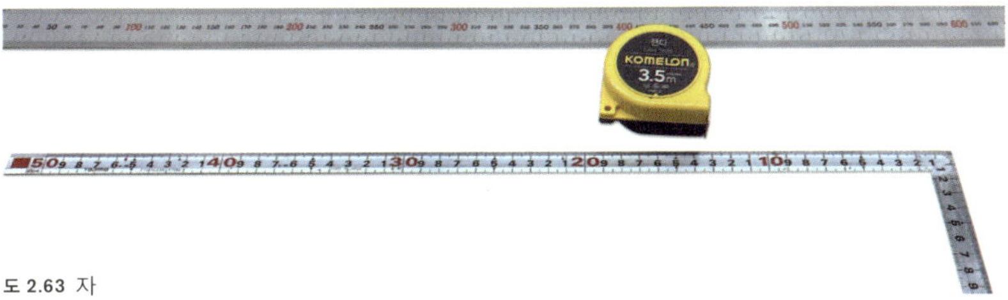

도 2.63 자

목공부에서 재단할 목재의 크기를 측정하거나 목재에 치수를 표기할 때 사용한다. 가죽재단부에서는 가죽의 크기를 측정하고, 가죽을 재단할 때 사용한다. 크기가 큰 것은 줄자로 측정하며, 가죽에 치수선을 표기할 때는 플라스틱이나 목재 또는 금속으로 된 자를 사용한다. 쇠자는 무게가 있어 밑에 있는 재료가 움직이지 않게 하며, 칼이 자를 자르고 들어가지 않도록 방지하므로 힘주어 재단할 때 용이하다. (도 2.63)

② 가위

가위는 주로 미싱부에서 천이나 가죽 같은 원단을 재단할 때 사용하는 것으로 가정에서 사용하는 일반적인 가위와 다르다. 쪽가위는 박음질을 하고 남은 실밥을 정리할 때 사용한다. (도 2.64)

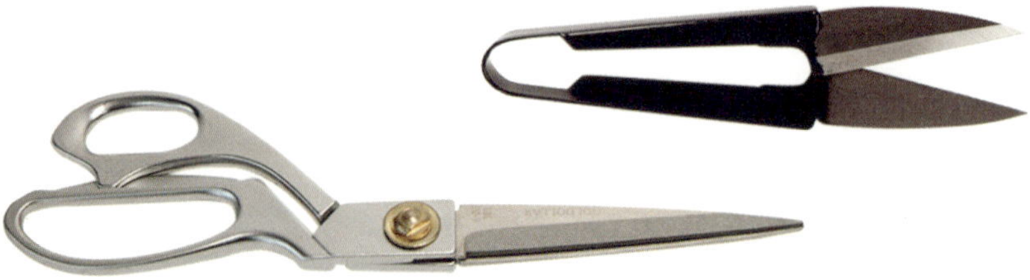

도 2.64 재단가위(좌)와 쪽가위(우)

도 2.65 커터칼

도 2.66 스펀지 재단칼

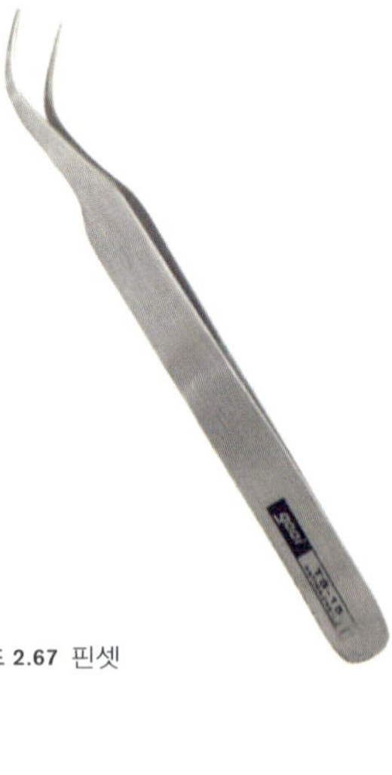

도 2.67 핀셋

도 2.68 드라이버

③ 커터칼

하드보드지나 가죽을 재단할 때 사용한다. (도 2.65)

④ 스펀지 재단칼

바닥방석이나 등방석 그리고 팔걸이에 사용하는 스펀지를 자르거나 형태를 다듬을 때 사용한다. 스펀지가 단단하지 않기 때문에 원하는 형태로 만들기 위해서는 숙련된 기술이 필요하다. (도 2.66)

⑤ 핀셋

실을 끼우거나 원단을 잡을 때, 미싱에 붙은 먼지를 제거할 때 사용한다. (도 2.67)

⑥ 드라이버

미끄럼판 밑의 먼지 제거 시 덮개를 열기 위해 나사를 풀 때 사용하며, 일반적인 드라이버보다 길이가 길다. (도 2.68)

3) 전동공구 및 기계

① 핸드드릴

전동드릴이라고도 하며, 전기를 충전하여 사용한다. 일정한 장소에 고정되어 있는 탁상용 드릴과 달리 이동이 편리하고, 손으로 작동할 수 있는 장점이 있어 널리 이용된다. 다양한 크기의 드릴날과 비트를 사용하여 목재나 철재 그리고 콘크리트 등에 구멍을 뚫거나 나사를 조립할 때 사용된다. 소파 제작 과정에서는 다리를 소파 몸통에 조립할 때 사용한다. (도 2.69)

도 2.69 핸드드릴

② 에어타카

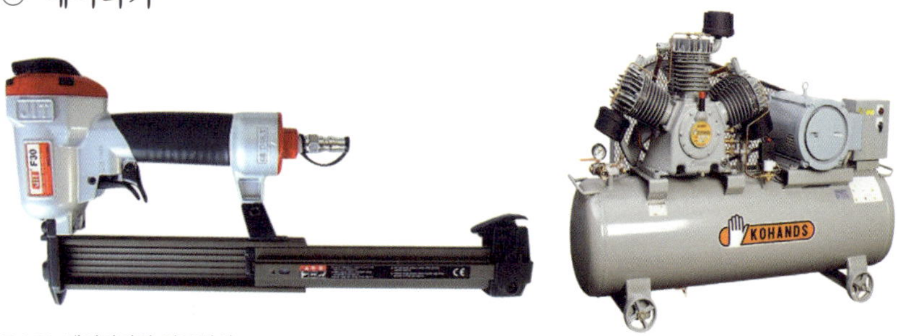

도 2.70 에어타카와 컴프레서

압축된 공기를 이용해 타카를 쏘는 것을 에어타카라고 한다. 이것이 발명되기 전에는 망치로 못을 박아 마무리하여 에너지와 시간이 많이 들었으나, 에어타카의 등장으로 소파의 조립 작업이 용이해졌다.

에어컴프레서는 대기 중의 공기를 압축하는 기계로 공기호스 끝에 에어타카를 연결하여 사용한다. 목재에 래커칠을 할 때에는 래커가 들어가 있는 통을 연결하여 도장하며, 금속관을 연결하면 먼지를 제거하는 도구로도 사용할 수 있다. (도 2.70)

③ 둥근톱

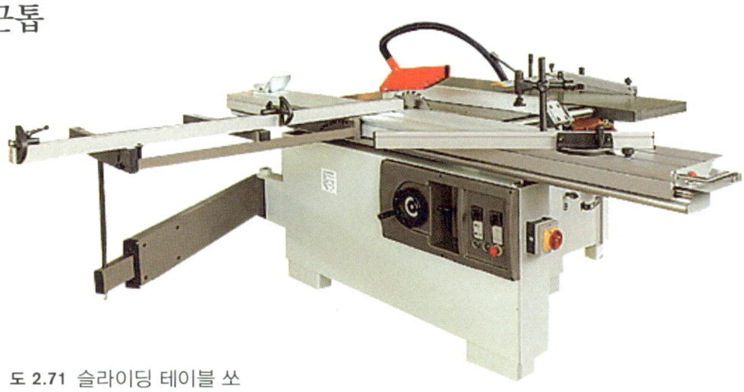

도 2.71 슬라이딩 테이블 쏘

둥근톱은 테이블 쏘Table Saw라고도 하며, 고속회전으로 재료를 자르는 기계로 목재 가공용과 금속 가공용으로 구분된다. 원형 톱을 테이블에 고정하여 작업자 앞쪽으로 회전하게 되며, 재료를 톱이 있는 방향으로 밀어서 절단한다. 현대에는 슬라이딩 테이블 쏘가 널리 보급되고 있는데, 부피가 커서 많은 공간을 차지하고 가격이 비싸지만 작업효율성이 높고, 안전성이 우수하다. 목재를 직선으로 자르거나 각도를 조절하여 사선으로 재단할 때 사용한다. 특히 같은 규격을 여러 개 재단할 때 용이하며, 합판이나 MDF와 같은 넓은 판재를 자를 때도 좋다. (도 2.71)

④ 띠톱

띠톱은 밴드 쏘Band Saw라고도 하며, 긴 톱의 양 끝을 맞붙여 위아래 두 개의 띠바퀴에 걸어 상하로 돌면서 재료를 자르는 기계이다. 톱날을 고정할 때는 날의 긴장도가 중요한데, 너무 팽팽하면 톱날이 끊어지고, 너무 느슨하면 재료의 절단선이 구부러지기 때문이다. 직선을 비롯해 곡선,

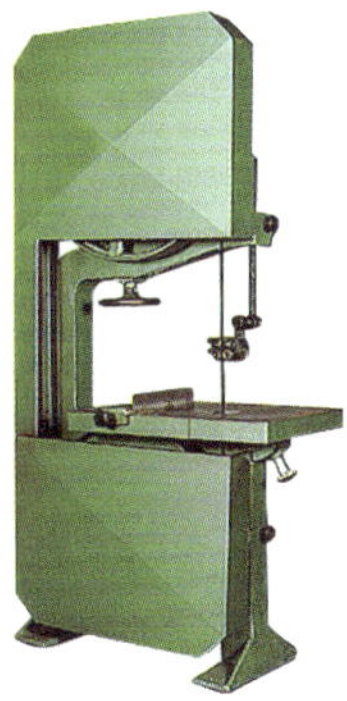

도 2.72 띠톱

사선, 다각형 등 세밀한 작업에 용이하다. (도 2.72)

⑤ 재봉틀

재봉틀은 1755년 찰스 바이젠탈 Charles Weisenthal 에 의해 처음으로 제작되었으나, 특허를 받은 것은 18세기 말 영국의 토마스 세인트 Thomas Saint 의 재봉틀이었다. 1850년대에는 1분에 600~1000땀을 봉제할 수 있게 발전하였으며, 1851년 미국의 싱거 Isaac M. Singer 는 소비자용 재봉틀 제조업체를 설립하면서 다양한 재봉틀을 개발하여 의복의 대량생산에 공헌하였다.

재봉틀은 가정용과 산업용으로 나뉘며, 산업용 재봉틀의 구조는 다음과 같다. (도 2.73)

실꽂이 박음질에 사용될 실을 꽂는다.

몸체실걸이 실꽂이에 있는 실이 처음으로 재봉틀 몸체에 연결되는 곳이다.

윗실조절기 윗실의 당겨지는 정도를 조절해준다.

미끄럼판 밑실을 넣을 때 열리는 곳이며, 박음질되는 재료를 부드럽게 밀 수 있다.

노루발 재봉틀과 노루발 사이에 바느질될 천이 들어가면 노루발이 천을 눌러준다.

되박음손잡이 바느질이 뒤로 되므로 매듭지을 때 사용한다.

땀수조절기 바늘땀의 크기를 조절한다.

돌림바퀴 실채기, 바늘대, 톱니, 반달을 움직여 바느질이 되게 한다.

도 2.73 재봉틀 구조

실꽂이에서 나온 실은 재봉틀 바늘까지 여러 단계에 걸쳐 실을 걸어야 하며, 각 단계별로 기능이 다르므로 사용 전에 숙지해야 한다. 작업 전에는 수시로 미끄럼판을 들어 올려 면봉과 솔을 사용해 안에 쌓여 있는 먼지를 제거한다. 또한 톱니 사이의 먼지도 청소하고 미싱오일을 발라야 박음질이 부드럽다.

원단을 이송하는 방법에 따라서는 본봉, 침송, 상하송, 총합송, 전자제어식이 있다. 본봉은 톱니로만 원단을 이송하며, 침송은 톱니와 바늘로 이송한다. 상하송은 원단을 톱니와 노루발로 이송하며, 두꺼운 실을 사용하여 가죽 제품을 만들 때 주로 사용한다. 총합송은 상하송으로도 할 수 없는 원단에 사용하는데, 톱니, 노루발, 바늘 모두를 이용해 원단을 이송한다. 전자제어식은 이송판을 이용해 원단을 이동시키며 박음질이 되게 하는 재봉틀이다.

제3장 소파의 역사

1. 서양 소파

소파의 기원은 고대 이집트시대까지 거슬러 올라가는데, 기원전 2000년경에 아랍어인 'Suffa수파'에서 유래되었다. 이는 '휴식용 벤치'라는 뜻으로 돌이나 흙으로 높게 다져진 돌출부 위에 담요나 카펫을 깔거나, 카펫이 깔린 바닥에 카펫을 돌돌 말아 높게 만들어 사용하였다. 또한 여러 개의 쿠션을 배치하여 눕거나 기댈 수 있도록 만들어 쓴 데서 시작되었다. 그리스시대에는 클라인Kline이라는 앉아서 쉴 수 있는 가구가 있었다. 이것은 4개의 다리와 좌판으로 구성된 직사각형의 의자로, 식당에 놓이는 고대 이집트 의자를 개조한 것이다. 혼자서 쉴 때는 물론 손님과 식사를 할 때도 사용되었으며, 기원전 6~7세기경에는 대리석, 상아, 목재, 금속 등으로 만들어졌다.

로마인들은 식당에서 식사를 할 때 트리클리니움Triclinium, 복수: 트리클리니아Triclinia이라는 소파를 사용하였다. 고대 식당을 일컫는 트리클리니움에는 보통 3개의 클라인을 놓고 그 가운데에는 탁자를 배치하였다. 고대 그리스에도 널리 알려져 있었던 것으로 돌이나 목재로 틀을 만들고, 좌판 위에 벨트를 고정한 후 쿠션을 올렸다. 왼팔을 받치는 쿠션을 올려두고, 소파의 다리는 회전이 가능하도록 만들었으며, 상감과 금속 장석으로 장식했다. 이것은 손님과 대화를 하거나 식사를 할 때 사용했는데, 오직 남자만이 쓸 수 있었으며, 여성은 의자에 앉아 식사하였다. (도 3.01)

오늘날의 소파와 같은 형태는 16세기 후반부터 영국과 독일에서 소

도 3.01 트리클리니움, 로마

목장과 가죽세공가들에 의해 제작되었다. 이것이 전 유럽으로 전파되었으나, 가격이 비싸 극소수의 귀족들만이 쓸 수 있었다. 낮에 누워 있을 때 사용하였으므로 등이나 몸을 측면에 기대기 위해 양쪽 팔걸이는 둥글고 높게 만들었으며, 대부분 등받이가 없다. 초기에는 목재로 틀을 만들고, 그 틀에 마른 식물이나 양털과 같이 쿠션감이 있는 것을 붙인 다음, 천으로 전체를 감싸는 형식으로 제작했다. 17세기 소파의 기능은 낮에 누워서 쉬는 것이었으며, 현대의 소파보다 크기가 컸다. 점차 장식이 가미되었고, 쿠션감이 강화되었다. 프랑스 루이 15세 재위 1715~1774 의 대표적인 양식인 로코코시대에는 금과 은선으로 된 꽃무늬 장식이 두드러졌다.

19세기에 들어서 오늘날과 같은 소파의 구조를 갖추게 되는데, 이는 스프링과 견고한 등받이가 만들어지면서 가능하였다. 특히 오스트리아 빈에 위치한 가구회사에서 좌판에 사용되는 스프링에 관한 특허를 획득하면서 급속도로 발전하게 된다. 즉 바닥방석과 등방석의 쿠션감이 강화되면서 소파의 구조가 변화되었다. 1850년경에는 2개의 안락의자, 1개의 소파 그리고 쿠션의자가 세트로 제작되어 팔렸다. 초기의 소파는 귀족이나 부유층만이 사용할 수 있었으며, 산업혁명 이후에 중산층이 나타나면서 소파가 널리 보급되기 시작하였다. 20세기에 들어와 가격이 저렴해지면서 대중화되었는데, 1950년까지 소파에 사용된 주된 재료는 목재와 천이었다. 1960년대 말부터 가죽이나 플라스틱이 널리 사용되었으며, 색상도 화사하고, 천의 무늬는 큰 것이 유행하였다.

20세기 이전에는 양식이나 회사를 중심으로 발달했으나, 이후에는 디자이너를 중심으로 발전한 서양 소파의 변천을 시대별로 살펴보면 다음과 같다.

1) 체이스 롱 Chaise Longue

도 3.02 체이스 롱, 프랑스 퐁텐블로성, 1855년

17세기에 나타나 18세기에 들어 대중화되기 시작하였으며, 등받이가 둥글고 다리를 앞으로 뻗을 수 있는 긴 의자를 말한다. 프랑스어로 '누워 잘 수 있게 만든 둥근 의자'라는 뜻으로 낮에 사용하는 침대이기도 하며, 이후에 좀 더 모던한 레카미에Recamier로 발전한다. 중세 봉건시대부터 나폴레옹 3세 때까지 왕족들의 별궁으로 사용되었던 프랑스 퐁텐블로성Chateau de Fontainebleau의 체이스 롱은 목재, 비단, 도금으로 만들어졌으며, 규격은 1100×1900×890mm이다. (도 3.02)

2) 세티 Settee

1680년경 영국에서부터 사용되었으며, 앤 여왕 재위 1702~1714 양식기에 대유행을 가져왔다. 19세기 이후부터는 미국에서 널리 애용되었고, 소파

도 3.03 세티, 토머스 치펜데일, 1760~1770년, 런던 빅토리아&알버트박물관

가 출현하기 전까지 사용했던 긴 안락의자로 2명 이상 앉을 수 있다. 소파에 비해 대부분 소형이나 등받이는 소파보다 높으며, 영국의 바로크·프랑스의 로코코·중국의 고딕 양식을 절충한 치펜데일 양식 Chippendale style에서 많이 제작되었다. (도 3.03)의 세티는 18세기 중반 영국에서 유행한 치노이제리 스타일 Chinoiserie style이 나타나는 것으로, 이는 유럽의 미술·가구·건축에 나타나는 중국풍을 말한다.

3) 데이베드 Daybed

도 3.04 데이베드, 마호가니, 18세기, 필라델피아

낮잠을 자거나 쉴 때 사용하는 소파침대로 좌우 중 한쪽에만 등받이가 있다. 6~8개의 다리가 달린 좌판 위에 침상이나 매트리스를 올리고, 한쪽 끝은 의자의 등받이처럼 경사지게 하여 침대의 머리받침 역할을 하였다. 17세기에 들어서 머리받침과 긴 좌판은 등나무로 제작되고, 솜이

나 식물줄기 등의 충전재를 넣은 쿠션이 구비되었다. 이것은 18세기에 나타나는 카우치에 밀려 점차 사라지다가 현대의 소파베드로 변화되었다. (도 3.04)

4) 러브 시트 Love Seat

거실에서 사용하는 2인용 소파로 18세기 초에 만들어졌으며, 루이 14세와 앤 여왕 시기에 유행하였다. 부부가 앉기에 적당한 크기로 만들어져서 붙여진 이름으로 일반적인 소파보다 전체적으로 크기가 작다.

러브 시트와 같은 개념의 마르키즈Marquise는 18세기에 프랑스에서 성행하였다. '후작부인'이라는 뜻으로 쿠션과 병용하여 주로 난로 옆에서 사용되었다. (도 3.05)

5) 카나페 Canape

솜을 넣어 푹신푹신한 등받이가 있는 긴 의자나 소파를 말하며, 18세기 초에 등장하였다. 초기에는 형식적이었으나, 점차적으로 비형식주의로 바뀐다. (도 3.06)은 프랑스 왕비 마리 앙투아네트Marie Antoinette가 거주했던 베르사유궁 안에 있는 프티 트리아농Petit Trianon에서 사용했던 카나페이다. 너도밤나무로 다리와 소파의 틀을 만들고, 솜을 넣은 바닥방석과 등방석을 나무틀에 끼워 넣었다. 방석은 꽃문양을 털실로 자수를 놓은 리넨으로 마감하였다.

도 3.05 러브 시트

도 3.06 카나페, 1787년, 프랑스

6) 뒤셰스 Duchesse

18세기 프랑스에서 사용하던 침대용 의자이다. 체이스 롱이 모두 붙어 있는 것과 다르게 이것은 팔걸이가 있는 의자에 스툴이 붙어 있으며, 또 다른 팔걸이가 있는 안락의자를 스툴과 나란히 놓고 사용하였다. 혹은 스툴이 안락의자에 붙어 있지 않고, 분리된 채 두 개의 안락의자 사이에 놓여 사용되기도 하였다. (도 3.07)

7) 카우치 Couch

18세기부터 이탈리아와 프랑스 등지에서 사용되기 시작했으며, 몸을 기대거나 뉘일 수 있도록 한 긴 의자를 말한다. 프랑스어인 쿠쉬Couche의 형용사적 의미는 '누운, 쓰러진, 기울어진'이며, 명사로는 '침대, 잠자리'라는 뜻이 있는 것처럼 침대로도 사용되었다. 점차 카우치라는 영어로 발전되어 세티 또는 소파와 같은 의미로도 사용되었는데, 소파보다 등받이와 팔걸이가 낮고 기댈 수 있도록 한쪽 끝을 세워놓은 것이 특징이며, 한쪽 팔걸이가 없는 것도 있다. (도 3.08)

8) 체스터필드 소파 Chesterfield Sofa

이 소파는 1770년경 영국 체스터필드 백작 4세인 필립 도머 스탠호프Philip Dormer Stanhope가 당시 스코틀랜드의 유명한 건축가이자 가구 제작자 로버트 아담Robert Adam에게 편안하고 고급스러운 소파 제작을 의뢰

도 3.07 뒤셰스, 루이 14세, 프랑스

도 3.08 카우치

도 3.09 체스터필드 소파

하여 탄생되었다. 체스터필드시의 이름을 딴 이 소파는 1900년경에 옥스퍼드영어사전에 기록된다. 원목으로 된 소파 틀에 좌판에는 스프링을 넣고, 좌판과 등받이 그리고 팔걸이에 충전재를 가득 채운 뒤 가죽을 씌어 만든 것이다. 충전재가 한쪽으로 쏠리지 않도록 가죽 단추를 앞에 달고, 소파 안쪽 내부에서 단추를 실로 끌어당겨 고정시켰다. 옷을 누비듯이 규칙적인 무늬가 생기도록 한 것으로 등받이와 팔걸이의 높이가 같다. 쿠션감이 뛰어나 안락하고, 수작업이 많아 고급스러우며, 우아한 것이 특징이다. 1930년경부터는 다양한 천으로도 만들어졌다. (도 3.09)

9) 레카미에 Recamier

도 3.10 "마담 레카미에", 자크루이 다비드, 1800년, 파리 루브르박물관

등받이가 없는 침대겸용 의자를 말하며, 나폴레옹 집권기에 프랑스 파리의 유명한 마담 잔느 레카미에Jeanne Recamier의 초상화에서 유래된 이름이다. 이 초상화는 자크루이 다비드Jacques-Louis David가 그린 것으로 등받이는 없고, 좌우에 팔걸이가 있으나 팔걸이 용도보다는 소파의 등받이처럼 등을 기댈 수 있도록 만들어졌다. 가로 길이가 짧으며, 18세기에 대중화된 체이스 롱에서 모던하게 발전한 형태이다. (도 3.10)

10) 메리디엔느 Meridienne

도 3.11 메리디엔느, 1765년

휴식용 긴 의자로 프랑스 나폴레옹이 집권했던 앙피르Empire시대에 사용되었다. 양측의 높이가 서로 다른 팔걸이가 있고, 그것을 잇는 부드러운 곡선의 경사진 등받이가 있으며, 가로 길이가 짧은 소파로 낮잠을 자는 데도 사용되었다. (도 3.11)

11) 비더마이어 카우치 Biedermeier Couch

비더마이어는 19세기 중엽의 간소하고 실용적인 양식으로 독일의 3월 혁명 이전 시대 1815~1848의 예술 양식을 말한다. '비더마이어'라는 명칭은 독일 뮌헨의 유머 잡지에 1855년부터 1857년에 걸쳐 발표된 『슈바벤의 교사 고트리프 비더마이어의 시집 *Die Gedichte von Gottlieb Biedermeier, einem Lehrer in Schwaben*』에서 기원하며, '정직한 사람'이라는 뜻이다. 가구디자인에 있어서 실용성을 위해 장식을 배제하고, 재료의 질감을 그대로 드러내며, 단순하고 경쾌한 것이 특징이다. (도 3.12)

12) 안지스크레 Indiscret

'비밀을 지키지 못하는, 입이 가벼운'이라는 뜻으로 프랑스 제2제정시대 1851~1871에 유행했다. 가운데를 중심으로 2~4개의 의자가 360도로 돌아가며 붙어 있는 형태로 '대화소파'라고도 한다. (도 3.13)은 영국 빅토리아시대의 것으로 3개의 좌석으로 구성되어 있으며, 다리 끝에는 이동이 용이하도록 도자기로 된 바퀴를 달았다.

13) 아르누보 소파 Art Nouveau Sofa

아르누보는 1890년경부터 1910년까지 미국과 유럽에서 유행하였던 예술운동으로 나라에 따라 오스트리아의 '세세션 Secession' 또는 독일의 '유겐트스틸 Jugendstil'로도 불린다. 1860년경 윌리엄 모리스 William Morris의

도 3.12 비더마이어 카우치

도 3.13 안지스크레, 19세기 말, 영국

도 3.14 아르누보 소파

미술공예운동 Art&Craft Movement에 반대하여 일어났으나, 미술공예운동보다 장식이 과해지는 폐단을 낳았다. 담쟁이와 같은 식물줄기와 여인의 긴 머리 그리고 꽃무늬를 모티브로 한 곡선이 특징이다. (도 3.14)의 등받이에는 식물줄기를 목재로 표현했으며, 팔걸이와 다리에서도 흐르는 듯한 아르누보의 선을 엿볼 수 있다.

14) 턱시도 소파 Tuxedo Sofa

약 1920년경 미국 뉴욕의 턱시도공원에서 유래된 이름으로 팔걸이가 바깥쪽으로 약간 벌어지고, 팔걸이의 높이가 등받이와 같은 소파이다. 팔걸이 높이에 맞추어 등받이 높이가 낮기 때문에 일반적인 소파보다 높이가 낮고, 주로 모던한 디자인에 많다. (도 3.15)

도 3.15 턱시도 소파

15) F51

1919년에 세워진 독일의 바이마르 바우하우스 교장인 발터 그로피우스 Walter Gropius가 디자인한 소파이다. 일반적으로 좌판에서부터 올라오는 팔걸이와 달리, 등받이에 연결되어 앞으로 뻗은 팔걸이와 바닥에서 떠 있는 듯한 바닥방석의 구조가 특징이다. 바우하우스의 직선과 기하학적인 형태가 돋보이는 작품으로 초기에 만들어진 소파는 벚나무에 검정칠을 한 프레임에다 레몬색의 모직물로 쿠션을 감싸 마무리했다. (도 3.16)

도 3.16 "F51", 발터 그로피우스, 1920년, 독일

16) LC2 그랑콩포르 Grand Confort

'위대한 편안함'이라는 제목의 이 소파는 스위스 태생의 프랑스 건축가인 르코르뷔지에Le Corbusier가 사촌 피에르 잔느레Pierre Jeanneret와 샬로트 페리앙Charlotte Perriand과 협업하여 만든 것이다. 쿠션을 담아두는 바구니에서 아이디어를 얻었으며 크롬 도금한 금속파이프가 깃털로 가득 찬 가죽 쿠션을 둘러싸면서 받치고 있는 정육면체의 기하학적인 형태이다. 금속의 광택과 고급스러운 가죽의 조화가 돋보이며, 마치 건축물을 보는 듯하다. (도 3.17)

도 3.17 "LC2", 르코르뷔지에, 1928년, 프랑스

17) 판타지 랜드스케이프 Fantasy Landscape

덴마크의 건축가이자 디자이너인 베르너 팬톤Verner Panton이 독일의 쾰른가구박람회의 '비지오나Visiona 2' 전시회에 선보인 작품이다. 금속 프레임에 쿠션을 얹고 원색의 천으로 마감하였다. 건축과 가구가 하나로 결합된 디자인으로 공간에서 인간이 원하는 모든 자세를 구현할 수 있도록 한 것이 특징이다. 물결 모양의 자유곡선으로 이루어진 부드러우면서도 관능적인 분위기의 이 소파는 공간에서 가구가 연출될 수 있는 모든 가능성을 보여준 것으로 역사적 의의가 있다. 덴마크가 속해 있는 스칸디나비아의 가구는 목재의 자연미를 강조하며, 가볍고 경쾌한 것이

도 3.18 "판타지 랜드스케이프", 베르너 팬톤, 1970년, 덴마크

특징이나 팬톤은 그와 다르게 화려한 색상으로 독자적인 디자인의 세계를 구축하였다. (도 3.18)

18) 조 Joe

1966년 세 명의 이탈리아 디자이너Jonathan De Pas, Donato D'Urbino, Paolo Lomazzi는 건축과 도시계획 그리고 공업디자인을 전문으로 하는 사무실을 함께 설립하였으며, 1970년에 야구글러브를 연상케 하는 안락의자를 개발하였다.

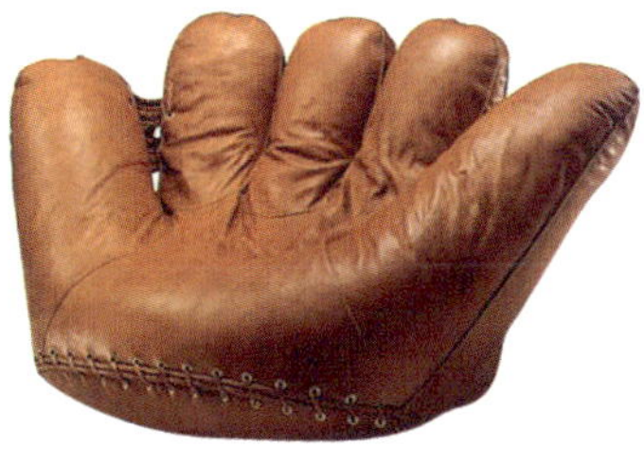

도 3.19 "조", 데파스 더비노 로마치 스콜라리, 1970년, 이탈리아

이것은 폴리우레탄폼과 가죽으로 만들어졌으며, 1964년 베니스비엔날레에서 처음으로 알려진 미국 팝 아트의 영향을 받았다. (도 3.19)

19) 메릴린 소파 Marilyn Sofa

도 3.20 "메릴린 소파", 스튜디오65, 1970년, 이탈리아

스튜디오65는 건축, 인테리어 그리고 디자인을 전문으로 하는 스튜디오로 보카 Voca : 입술 소파로도 불리는 메릴린 소파를 제작하였다. 초현실주의와 1970년대 팝 디자인에서 영향을 받았는데, 1930년대 섹시스타로 유명한 여배우 메이 웨스트의 입술을 모티브로 1936년에 살바도르 달리 Salvador Dalí가 만든 작품 메이 웨스트 소파 Mae West Sofa에서 영감을 받았다. 또한 여배우 메릴린 먼로의 입술에서 아이디어를 얻어 메릴린 소파로 이름 지었으며, 이것은 70년대 후반부터 유행하게 되는 리디자인 Redesign의 시초라 할 수 있다. 폴리우레탄폼에 신축성 있는 나일론으로 마감하였으며, 규격은 2000×740×840mm이다. (도 3.20)

20) 프루스트 안락의자 Poltrona di Proust

도 3.21 "프루스트 안락의자", 알레산드로 멘디니, 1978년, 이탈리아

이탈리아를 대표하는 디자이너이자 건축가인 알레산드로 멘디니Alessandro Mendini가 알키미아Alchimia를 위해 재디자인 시리즈의 하나로 만든 작품이다. 목재와 천으로 된 안락의자에 그림을 그린 것인데, 이는 프랑스 소설가 마르셀 프루스트Marcel Proust의 『잃어버린 시간을 찾아서*Le Temps retrouvé*』라는 책을 읽고 감명을 받아 제작했다고 한다. 프루스트의 생애에 걸맞은 천을 찾기 위하여 고심하던 끝에 나온 아이디어이며, 18세기 프랑스에서 유행했던 새로운 바로크 양식을 재디자인한 것으로 인상파의 점묘화를 보는 듯한 화려함과 다양한 색상이 특징이다. (도 3.21)

21) 뉴욕선셋 소파 Sunset in New York Sofa

건축가이자 디자이너인 가에타노 페세Gaetano Pesce의 작품으로 뉴욕의 퇴폐 또는 타락을 표현하였다. 초기 작품은 뉴욕의 빌딩 사이로 태양이 떠오르는 것을 나타낸 소파이다. 합판으로 된 프레임에 폴리우레탄폼을 감싼 다음 천으로 마감하였으며, 총 7개의 조각으로 구성된다. 사진에서

도 3.22 “뉴욕선셋 소파”(밤 버전), 가에타노 페세, 1980년, 이탈리아

도 3.23 “타틀린 소파”, 마리오 카나치 & 로베르토 샘프리니, 1989년, 이탈리아

페세가 앉아 있는 소파는 밤 버전으로, 태양 대신 달을 중앙의 등방석으로 표현했다. 팔걸이와 바닥방석은 빌딩에서 새어 나오는 불빛으로 만들어진 도시의 야경을 연상케 한다. (도 3.22)

22) 타틀린 소파 Tatlin Sofa

러시아의 현대미술가 타틀린Vladimir Tatlin의 작품을 모티브로 마리오 카나치Mario Cananzi, 로베르토 샘프리니Roberto Semprini가 만든 것으로 타틀린의 탑을 상징한다. 레드 벨벳으로 덮여 있는 이 소파는 달팽이처럼 말려 있어 좌판이 좁아질 때까지 사람이 둥그렇게 앉을 수 있으므로 호텔이나 극장과 같이 불특정 다수가 사용하는 로비에 어울린다. 규격은 2100×700×1340mm이다. (도 3.23)

23) 플랩 소파 Flap Sofa

화가이자 가구디자이너로 활약하고 있는 프란체스코 빈파레Francesco Binfare의 대표작이다. 등받이가 9개로 나뉘어 있으며, 각도가 6단계로 조절되는 것이 특징이다. 따라서 원하는 대로 형태 변형이 가능하여 등받이 기능을 비롯해 팔걸이, 머리받침, 의자, 발받침 등으로도 사용할 수 있다. 이것은 128개의 금속 부품과 16개의 독특한 경첩으로 가능하며, 프레임은 184개의 폴리우레탄 패딩으로 이루어졌다. 이 모든 내장재가 140mm 두께의 방석 안에서 정리되며, 표면은 가죽과 천으로 마무리된다. 모든 것이 수작업으로 조립되는 이 소파는 기술이 얼마만큼 디자인

도 3.24 "플랩 소파", 프란체스코 빈파레, 2000년, 이탈리아

에 영향을 줄 수 있는지를 보여주는 사례라고 할 수 있다. 규격은 3550×1660×40(SH340)mm이다. (도 3.24)

24) 보아 Boa

페르난도와 훔베르토 캄파냐Fernando & Humberto Campana 형제가 남아메리카 열대 지방에 살고 있는 왕뱀인 보아를 모티브로 하여 만든 소파이다. 단단한 프레임이 없이 부드럽고 굵은 밧줄이 불규칙하게 꼬여 있는 형태로 소파 위에 눕거나 밧줄 사이로 몸을 끼워 넣을 수도 있다. 길이 120m의 튜브에 공기 순환이 잘 되면서도 유연한 스펀지와 오리털을 채웠다. 표면은 부드러운 벨벳으로 마감되어 보는 각도에 따라 광택이 다르게 보여 마치 비단뱀을 연상케 한다. 일주일 동안 4명의 작업자가 30m 길이의 튜브 4개를 함께 엮어 만든 소파이다. 규격은 3550×1900×650mm이다. (도 3.25)

도 3.25 "보아", 페르난도 & 훔베르토 캄파냐, 2002년, 이탈리아

도 3.26 "카우치", 슈테판 디즈, 2004년, 독일

25) 카우치 Couch

슈테판 디즈 Stefan Diez가 디자인한 것으로 하나의 덩어리로 된 단순한 형태이다. 일반적인 소파처럼 목재나 금속 틀이 내장되어 있지 않고, 발포비즈라는 EPS Expanded polystyrene: 스티로폼 공으로 가득 찼으며, 내수성 원단으로 덮여 있어 실외 사용이 가능하다. (도 3.26)

26) 치프리아 Cipria

도 3.27 "치프리아", 페르난도 & 훔베르토 캄파냐, 2010년, 이탈리아

치프리아는 보아Boa를 디자인한 브라질의 대표적인 디자이너인 페르난도와 훔베르토 캄파냐 형제의 작품으로 삼차색부터 원색까지 다양한 색상으로 구성되어 있다. 기다란 튜브형 금속 프레임에 9개의 쿠션을 고정해 만든 것으로, 표면은 친환경 인조퍼Fur를 사용하였다. 쿠션마다 퍼의 길이를 다르게 만들었으며, 방석의 내부는 젤리폼Gellyfoam 소재로 채워 착석감이 우수하다. 규격은 2220×1280×840(SH400)mm이다. (도 3.27)

2. 국내 소파

국내 소파는 아파트 입식문화의 확산으로 거실이 출현하면서 1970년대부터 등장하였으며, 1990년대까지는 목형소파가 주류를 이루었다. 2000년대에 들어서면서 천과 가죽으로 감싸는 전피소파가 점차 늘어나기 시작했으며, 규격은 1·3인용이 유행하였다. 2010년대에 들어서는 전피소파가 주류를 이루었으며, 2인용 소파를 옆으로 나란히 놓아 사용하는 4인용 소파가 출현하여 인기를 끌었고, 대부분 디자인이 모던하였다. 전피소파에 주로 사용되는 가죽과 관련해서는 1930년경 서울 영등포에 군수용 피혁공장이 세워지면서 국내 가죽산업이 발전하게 된다.

국내의 소파 제조전문업체는 몇 안 되며, 대부분 대형 브랜드인 종합가구회사에서 소파를 생산하고 있다. 국외 소파가 디자이너 위주로 발전해왔다면, 국내는 산업체를 중심으로 이어져온 만큼 소파산업을 이끌어가는 소파 전문업체 두 곳을 중심으로 살펴보고자 한다.

1) (주)다우닝 1980

1980년에 미도산업으로 시작하여 1986년에 다우닝DAUNING이라는 상표를 출시하였다. 1990년에 신세계와 현대백화점에 입점하면서 1991년에 경기도 남양주시 마석에 공장을 신설하게 된다. 목형소파가 유행하던

90년대에 국내 최고의 소파 전문업체로 자리매김하였으며, 2001년에 경기도 의정부에 다우제혁이라는 피혁공장을 신설하였다. 2006년에는 남양주 수동으로 본사를 이전하며, 2010년에 클레디오라는 브랜드를 출시하였다. 2017년 유망가구기업으로 선정되었으며, 2019년 종사자는 48명, 매출은 약 381억 원이다. (도 3.28)

도 3.28 "브람스 소파", 천연가죽, ㈜다우닝, 2020년

도 3.29 ㈜자코모, 2020년

2) (주)자코모 2005

1986년 재경가구산업사로 출발하였으며, 1990년대 말까지 리바트, 에이스침대, 퍼시스의 협력업체로 활동하였다. 2001년 재경소파를 설립하였고, 2005년에는 ㈜자코모를 설립하게 된다. 2006년부터 백화점을 비롯한 대형 매장에 입점하여 소비자와 만날 수 있는 기회를 확대하였다. 2014년 이탈리아의 디자이너 스테파노 지오반노니 Stefano Giovannoni 와 MOU를 체결하면서 기술력을 보강하였다. 2019년에는 기업부설연구소를 설립하였고, 프리미엄 패브릭소파 브랜드 에싸 ESSA 를 런칭하였다. (도 3.29)

제4장 소파 실습

1. 소파의 제작 과정

소파를 제작하는 생산부서는 목공부, 가죽 및 천 재단부, 미싱부, 쿠션부, 조립부 등 크게 다섯 부서로 나뉜다. (도 4.01)

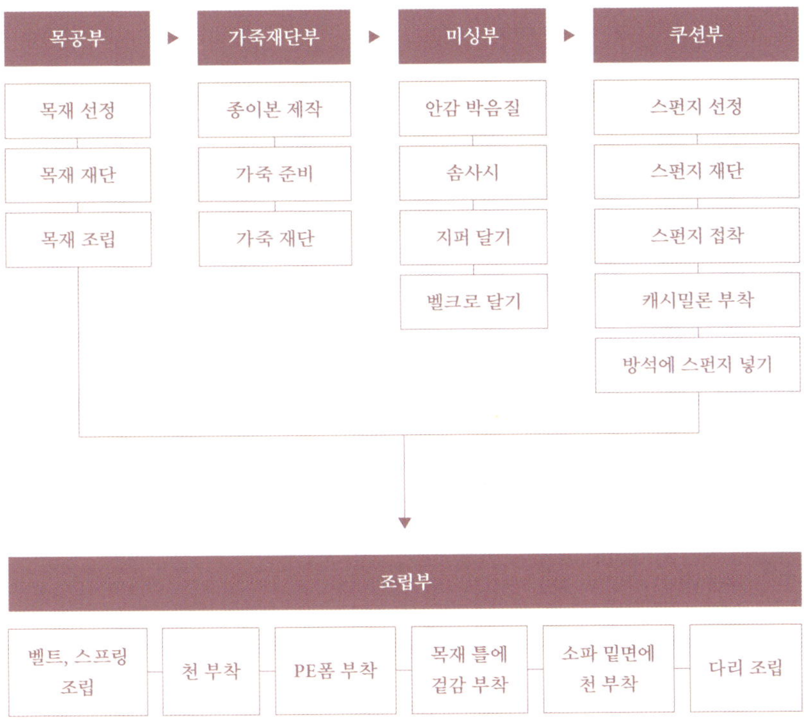

도 4.01 소파 공정

① 목공부에서는 소파 틀을 제작하는 데 필요한 목재를 선정하고, 사용량을 파악하여 목재를 준비한다. 도면을 이해하고, 목공 기계를 사용해 목재를 재단한다. 부분별로 재단된 목재는 선반에 적재하고, 조립할 때 꺼내어 쓴다.

② 가죽 및 천 재단부에서는 소파에 필요한 가죽이나 천을 준비하기 전에 목재 틀에 스펀지를 부착해 소파의 모양틀을 제작한다. 이 틀을 바탕으로 천과 가죽을 재단하기 위해 종이본을 제작하며, 본이 완성되면 이것을 가죽 위에 올려놓고 커터칼을 사용하여 가죽을 재단한다.

③ 미싱부에서는 재단된 천이나 가죽을 재봉틀을 사용해 박음질한다. 스펀지가 들어가는 곳에는 지퍼나 벨크로를 부착한다.

④ 쿠션부에서는 소파의 부분별로 알맞은 스펀지를 선정하고, 접착제로 접착한다. 팔걸이나 방석의 모양대로 스펀지를 재단한 후 미싱부에서 완성된 주머니에 넣고, 접착제로 붙인다.

⑤ 조립부에서는 완성된 목재 소파 틀에 벨트나 S스프링을 장착한다. 그 위에 천을 고정한 후 PE폼을 접착제로 붙인다. 안감 처리된 가죽을 덮어씌우고, 등방석과 바닥방석이 소파 틀에서 분리될 수 있도록 벨크로를 장착한다. 마지막으로 나사를 사용해 다리를 조립한 후 소파 틀 위에 바닥방석을 먼저 올리고, 그 후 등방석을 부착한다.

2. 목공부

목공부의 제작 과정은 전피소파와 목형소파가 서로 다르며, 본 장에서는 현재 유행하고 있는 전피소파를 만드는 과정만 살펴보기로 한다. 전피소파를 제작할 때는 밖으로 드러나는 목재가 없기 때문에 조각이나 목재 도장 단계가 생략된다.

1) 목재 선정하기

도 4.02 목재 준비

① 제작할 원목에 갈라짐, 옹이 또는 썩은 곳이 있는지 확인하여 문제가 있는 것은 골라낸다. 특히 건조가 불량하면 벌레가 기생할 수 있고, 벌레가 목재를 갉아먹어 소파를 사용할 때 나뭇가루가 떨어지며,

결국엔 부서질 수 있다.

② 밖으로 드러나는 목재는 고급 원목을 사용하며, 방석에 의해 가려지는 부분의 목재는 하중을 이길 수 있도록 튼튼해야 하나 밖으로 보이지 않기 때문에 고급 목재를 사용하지 않는다. 안 보이는 내장재로 사용되는 목재는 주로 합판과 원목인데, 합판은 소파의 좌우 측면이나 팔걸이 전면 등에 쓰고, 원목은 소파 틀의 골격을 만드는 데 사용한다. 합판으로는 자작나무 합판이나 인테리어에 주로 사용되는 잡목MLH: Mix Light Hardwood 합판을 사용하며, 원목으로는 소나무 종류인 스프루스가 애용되고 있다. (도 4.02)

2) 재단하기

목재의 상태를 파악한 후 도면을 보고, 재단할 크기를 연필과 자를 사용해 목재에 표시한다. 목재를 재단하는 기계는 주로 둥근톱과 띠톱을 사용하는데, 둥근톱은 테이블 쏘Table Saw라고도 하며, 목재를 직선으로 자르거나 각도를 조절하여 사선으로 재단할 때 사용한다. (도 4.03)

도 4.03 둥근톱에 목재 재단하기

띠톱은 밴드 쏘Band Saw라고도 하며, 직선을 비롯해 곡선, 사선, 다각형 등 세밀한 작업에 용이하다. 합판과 각재를 재단할 때는 나뭇결이 재단하고자 하는 형태의 긴 방향과 동일하게 해야 인체의 하중을 견딜 수 있기 때문에 목재의 결을 살펴서 재단선을 그려야 한다. (도 4.04)

도 4.04 띠톱에 목재 재단하기

도 4.05 재단된 목재 부품

재단된 목재는 같은 규격끼리 종류별로 모아 선반에 두고, 조립 시 꺼내어 사용한다. (도 4.05)

3) 조립하기

도 4.06 에어타카로 목재 틀 조립하기

도 4.07 완성된 목재 틀

바닥방석과 등방석을 받쳐주는 목재 틀을 접착제와 에어타카를 사용해 조립한다. 목공용 접착제를 바르고, 타카 작업을 해야 견고하나 공정을 단축하기 위해 접착제를 바르지 않는 경우도 있다. (도 4.06, 4.07)

3. 가죽재단부

1) 모양틀 만들기

가죽을 재단하기 위해서는 마분지와 같은 두꺼운 종이로 제작할 소파의 본本을 부분별로 만들어야 한다. 그러려면 먼저 스펀지를 사용해 전피소파의 틀을 제작한 후 가죽을 어떻게 잘라 이어 붙일 것인지를 파악하고, 틀에 검정 싸인펜으로 접착선을 표기해놓는다. 평평한 부분은 종이에 직접 재단선을 그리지만, 등받이나 팔걸이와 같이 곡선적인 부분은 두꺼운 종이를 구부릴 수 없으므로 정확한 크기를 알 수 없기 때문에 두께가 얇아 재단선이 비치는 부직포를 이용한다. 소파 틀의 곡선 위에 부직포를 올려놓고 재단선을 그린 후, 이것을 두꺼운 종이에 접착제로 붙인다. (도 4.08 ~ 4.11)

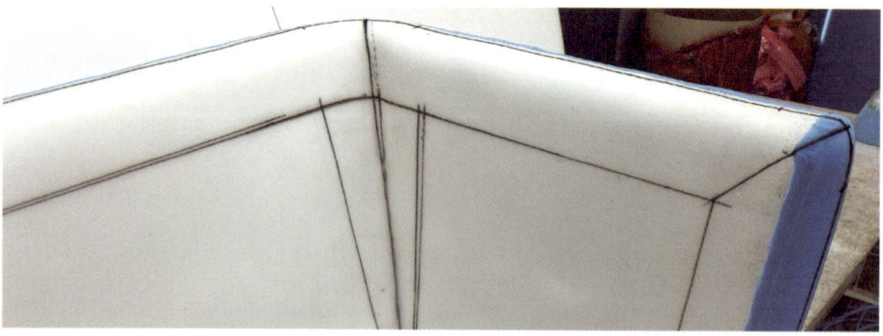

도 4.08 가죽 재단을 위한 모양틀

도 4.09 소파 모양틀

도 4.10 스펀지로 소파 모양틀 제작

도 4.11 종이에 부직포 붙이기

도 4.12 종이본 오리기

도 4.13 종이본에 투명테이프 붙이기

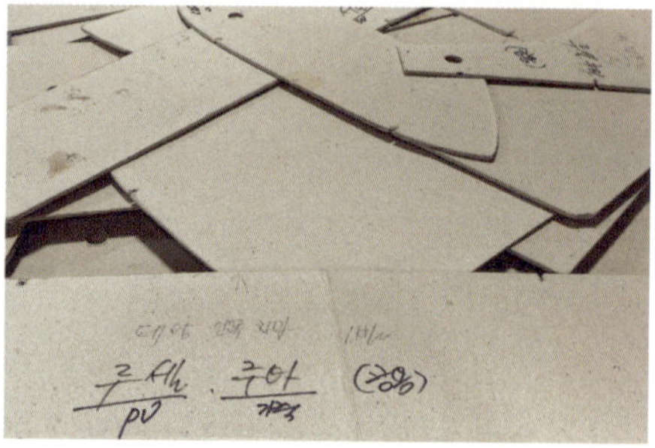

도 4.14 완성된 종이본

부직포에 그려진 선은 미싱 작업선이므로 재단할 때는 선보다 밖으로 1.5cm 정도의 시접 여유를 두고, 금속자를 대고 커터칼로 재단한다. (도 4.12)

재단된 종이의 모서리는 마모되지 않도록 투명테이프를 붙여놓는다. 또한 본에 사용되는 종이의 크기보다 재단될 가죽의 크기가 클 경우는 종이를 투명테이프로 이어 붙여 사용한다. (도 4.13, 4.14)

2) 가죽 준비하기

전피소파를 만들기 위한 가죽이 선정되면 디자인에 따라 필요한 양을 계산하여 준비하며, 금속으로 된 삼각형의 거치대에 같은 색상끼리 분류하여 올려둔다. 가죽이 무겁기 때문에 이동이 용이하도록 가죽 거치대의 하단에는 바퀴가 달려 있다. (도 4.15)

도 4.15 준비된 가죽

3) 가죽 재단하기

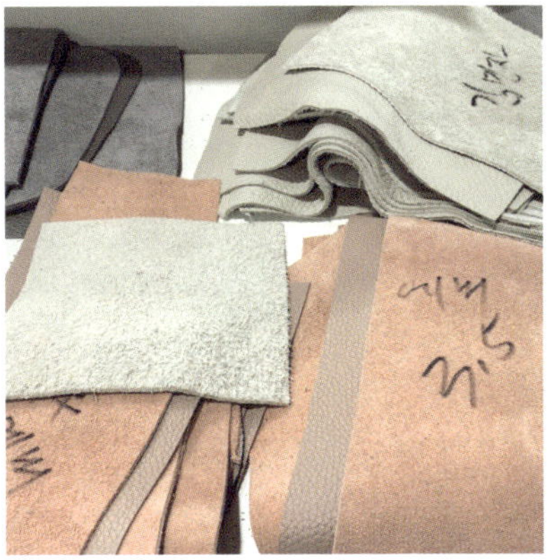

도 4.16 종이본대로 가죽 재단하기

도 4.17 재단된 가죽

많은 양을 한꺼번에 재단할 때는 기계를 사용하나, 소량을 재단할 때는 종이본을 가죽 위에 올려놓고 칼을 사용해 잘라낸다. 가죽이 두꺼워 한 번에 매끄럽게 재단하기 위해서는 힘조절이 중요하며, 또한 사고가 나지 않도록 안전에 유의해야 한다. 재단 시 가죽의 개량 단위는 '평'이며, 국내에선 가로와 세로가 각각 30.3cm이고, 수입품은 피트feet를 1평으로 한다. 버려지는 가죽을 최소화하기 위해서 재단 전에 본의 위치를 정밀하게 계산해야 한다. 또한 소파에 사용할 수 없는 가죽의 흠은 잘 보이도록 표시를 해두고, 이것을 피해서 재단한 후 종류별로 분류해놓는다. (도 4.16, 4.17)

4) 솜사시를 위한 스펀지 재단

도 4.18 본딩솜 재단

도 4.19 솜사시를 위한 스펀지 재단

가죽의 딱딱한 느낌을 부드럽게 하기 위하여 재단된 가죽에 캐시밀론을 덧대어 박는 솜사시를 위해, 가죽을 대고 부직포솜이나 캐시밀론을 재단한다. 이 작업은 소파의 정전기를 방지하고, 쿠션감을 좋게 해준다. 본딩솜은 얇은 솜 위에 부직포 처리가 된 것으로 접착제 없이 박음질로 겉감과 결합되는데, 가죽 미싱 시 가죽이 늘어나는 것을 방지하는 효과가 있다. (도 4.18)

접착스펀지는 스펀지에 접착제가 발려 있는 것으로 바닥이나 등방석을 만들 때 사용하여 가죽이 늘어나는 것을 방지한다. (도 4.19)

4. 미싱부

1) 가죽과 안감 박음질

재단된 가죽은 안에 스펀지가 들어갈 수 있도록 박음질한다. 겉감, 안감 그리고 캐시밀론을 함께 박음질할 때는 두꺼워서 작업이 어려우므로 쇠망치로 두드려 두께를 얇게 한다. 이때 가죽의 딱딱한 느낌을 부드럽게 하기 위하여 재단된 가죽에 캐시밀론을 덧대어 박는데, 이것을 솜사시라고 한다. 솜사시는 주로 고급 소파에만 적용하며, 이후 속커버를 대고, 마지막으로 겉커버 작업을 한다. 박음질은 소파의 품질을 결정하는 데 중요한 요소로 박음질의 간격은 일정하게, 직선은 곧고 곡선은 매끄럽게 작업해야 하며, 또한 바늘과 관련된 안전사고에 유의해야 한다. (도 4.20, 4.21, 4.22)

도 4.20 겉감과 안감 박음질

도 4.21 솜사시 작업

도 4.22 망치질하기

2) 지퍼 달기

도 4.23 지퍼 달기

도 4.24 벨크로 달기

박음질로 방석의 형태를 잡은 뒤 마지막으로 스펀지를 집어넣고 잠그기 위한 벨크로나 지퍼를 단다. 또한 바닥방석과 등방석이 목재 틀과 밀리지 않도록 벨크로를 부착하며, 남아 있는 실밥을 쪽가위로 잘라내어 마무리한다. (도 4.23, 4.24)

5. 쿠션부

1) 스펀지 선정하기

스펀지는 부위에 따라 강도가 다른 것이 사용되므로 스펀지의 종류를 인지할 필요가 있다. 일반적으로 파란색과 노란색의 스펀지를 가장 많이 사용한다. 스펀지의 등급은 크게 3등급으로 나뉘며, 상급은 40kg/m³ 이상, 중급은 28~40kg/m³, 마지막으로 하급은 28kg/m³ 이하이다. (도 4.25)

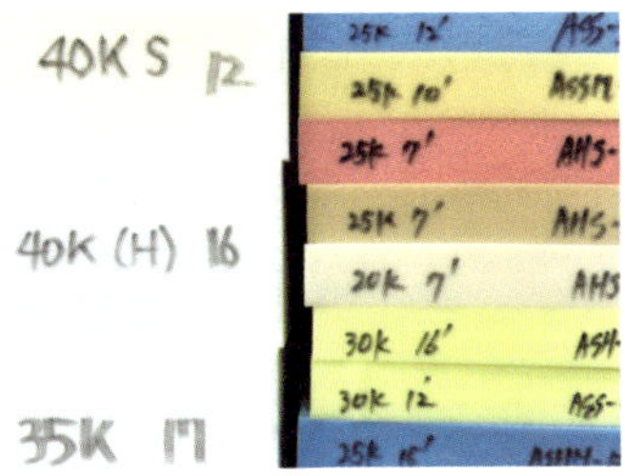

도 4.25 스펀지 종류

2) 스펀지 재단하기

스펀지는 바닥방석, 등방석 그리고 팔걸이 용도에 맞는 각기 다른 강도의 스펀지가 필요하므로 재단해서 사용한다. 다각형이나 간단한 곡선의 형태는 낫과 같이 생긴 칼로 스펀지를 잘라 만드는데, 스펀지가 단단하지 않아 재단 시 고도의 기술이 필요하다. 재단칼이 무뎌지면 스펀지가 잘리지 않으므로 숫돌에 잘 갈아야 하며, 작업 시에도 간단한 칼갈

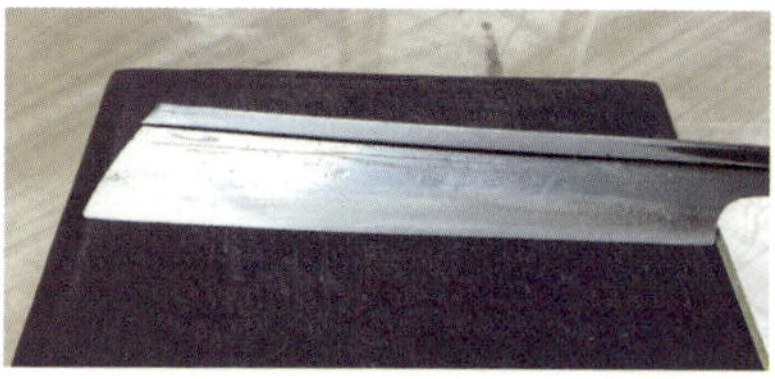

도 4.26 스펀지 재단칼 갈기

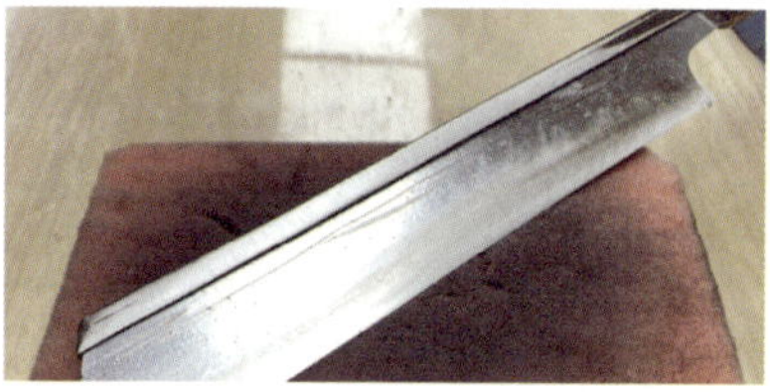

도 4.27 재단칼에 오일 바르기

도 4.28 2차원 기계로 스펀지 재단(세원화학)

이가 필요할 때는 스펀지 위에 붙여진 사포에 간다. 스펀지를 넣은 통에 오일을 부어놓고, 스펀지를 재단하기 전에 칼의 앞뒤를 돌려가며 오일을 묻히면 스펀지 재단이 훨씬 부드럽게 잘 된다. 대량생산되는 소파의 스펀지나 손으로 재단하기 어려운 곡선의 경우는 컴퓨터로 제품의 도면을 그린 다음, 스펀지 재단용 2차원 기계에 연결하여 재단한다. (도 4.26, 4.27, 4.28)

3) 스펀지 접착하기

재단된 스펀지는 접착제를 사용해 필요한 두께로 붙여 스펀지본을 만든다. (도 4.29)

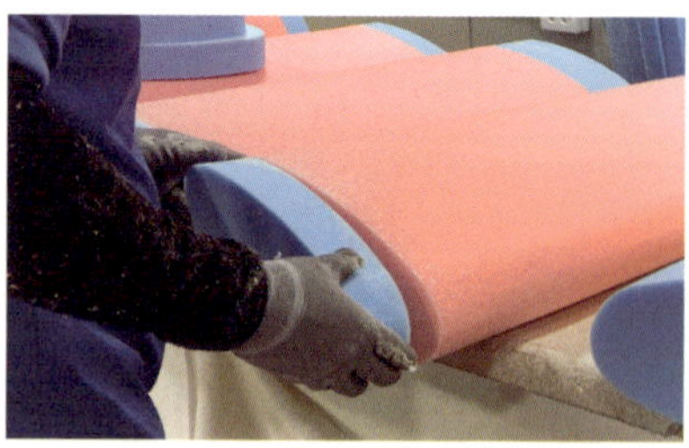

도 4.29 스펀지 접착하기

4) 스펀지에 캐시밀론 붙이기

부위별로 다른 강도의 스펀지를 붙인 후 인체가 닿는 부위를 더 부드럽게 하고, 외형을 좀 더 아름답게 하기 위해 스펀지 위에 포솜이나 캐시밀론을 접착제로 붙인다. (도 4.30)

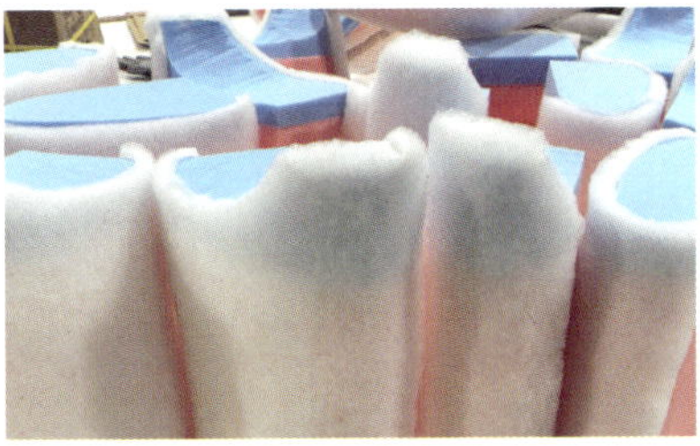

도 4.30 스펀지에 캐시밀론 붙이기

5) 방석에 스펀지 넣기

도 4.31 방석에 스펀지 넣기

도 4.32 접착제 바르기

형태가 잡힌 스펀지는 박음질된 가죽 방석에 집어넣고, 밀리지 않도록 접착제로 고정한다. 마지막으로 지퍼를 닫아 마무리한다. (도 4.31, 4.32)

6) 팔걸이나 헤드 Head 조립하기

형태가 잡힌 스펀지는 박음질된 주머니에 집어넣고, 밀리지 않도록 접착제로 고정한다. 각도가 조절되는 팔걸이나 헤드의 경우 금속 하드웨어를 밖으로 빼낸 후 지퍼를 닫아 마무리한다. (도 4.33, 4.34, 4.35)

도 4.33 완성된 소파헤드 주머니

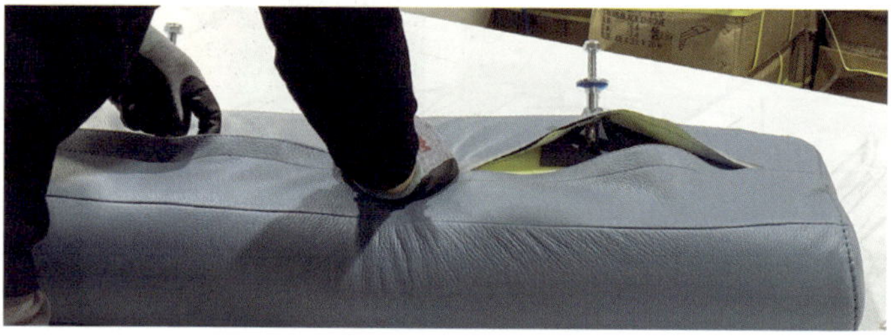

도 4.34 헤드에 스펀지 넣기

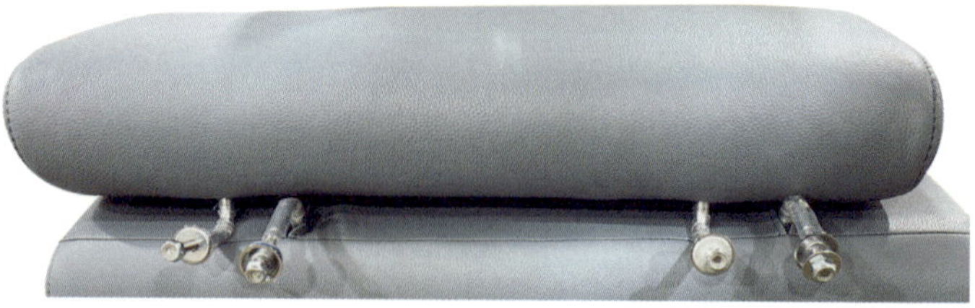

도 4.35 완성된 헤드

6. 조립부

1) 목재 틀에 하드웨어 달기

도 4.36 목재 틀에 하드웨어 부착하기

도 4.37 소파 등받이와 좌판 틀에 벨트 부착하기

완성된 목재 틀에 벨트나 S스프링을 부착하기 위한 고리를 장착한다.(도 4.36) 완성된 목재 틀의 바닥과 등받이에 에어타카를 사용해 벨트를 부착한다. S스프링과 벨트는 인체의 무게를 분산시키며, 착석감을 좋게 한다. 또한 바닥방석의 처짐을 방지하고 충격을 흡수하는 역할을 한다.(도 4.37)

2) 목재 틀에 천 붙이기

완성된 소파 목재 틀의 전면, 측면, 뒷면에 천이나 비닐, 두꺼운 종이 그

리고 합판 등을 덧댄다. 이러면 틀을 팽팽하게 잡아주고, PE폼 붙이는 작업이 수월해진다. 과거에는 두꺼운 종이합지를 붙였으나, 소리가 나는 단점 때문에 현대에는 습기를 먹어도 소리가 안 나는 천을 붙이는데, 이것을 골배지라고도 부른다. (도 4.38, 4.39)

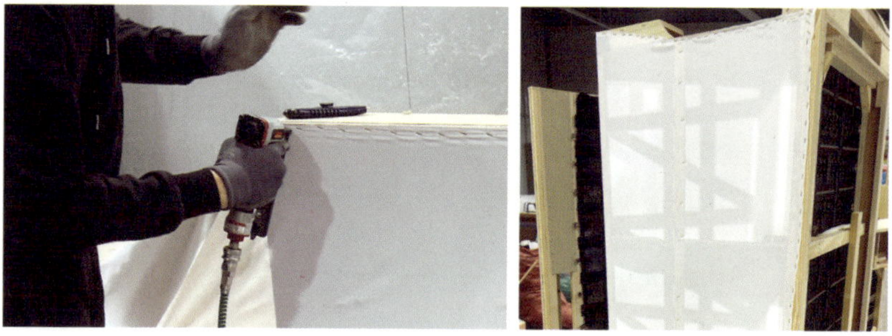

도 4.38 목재 틀에 천 붙이기

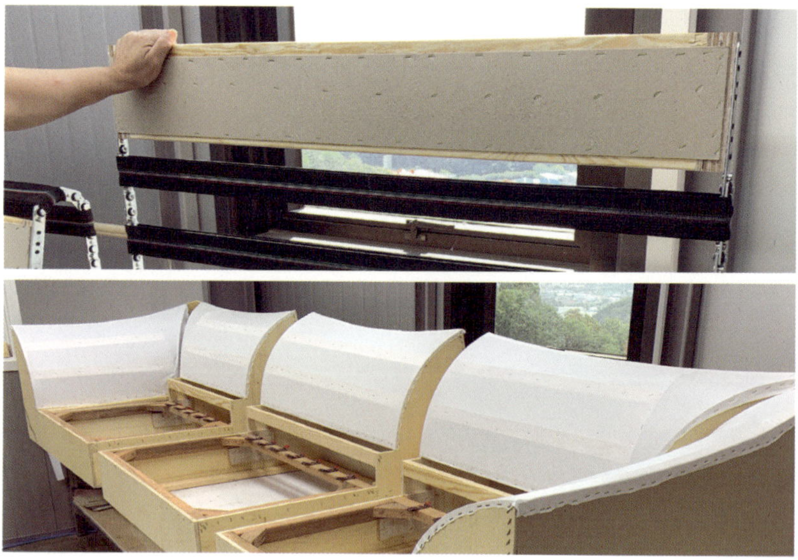

도 4.39 목재 틀에 하드보드지 붙이기

3) 목재 틀에 PE폼 붙이기

완성된 소파의 목재 틀에 접착제를 바르고, 완충제인 PE폼을 구겨짐이 없도록 붙인다. 붙이고 남은 여분은 스펀지용 칼을 사용해 잘라낸다. 고급 소파는 PE폼을 붙인 후에 쿠션감을 극대화하기 위해서 캐시밀론을 부착하며, 저렴한 것은 캐시밀론을 생략한다. (도 4.40, 4.41, 4.42)

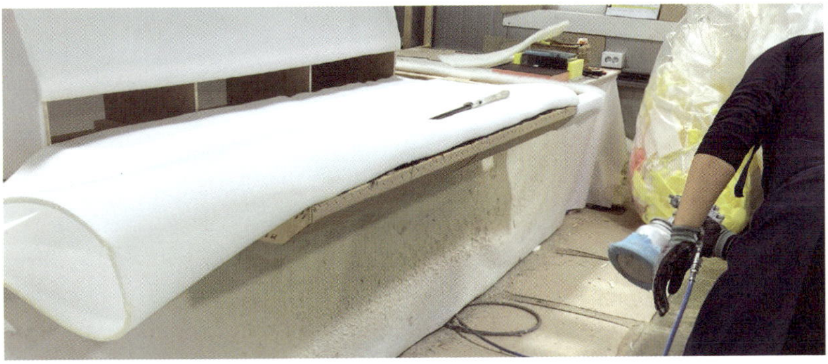

도 4.40 목재 틀에 접착제 바르기

도 4.41 PE폼 붙이기

도 4.42 남은 PE폼 잘라내기

도 4.43 소파 틀 마무리하기

도 4.44 방석이 밀리지 않게 하는 벨크로 부착하기

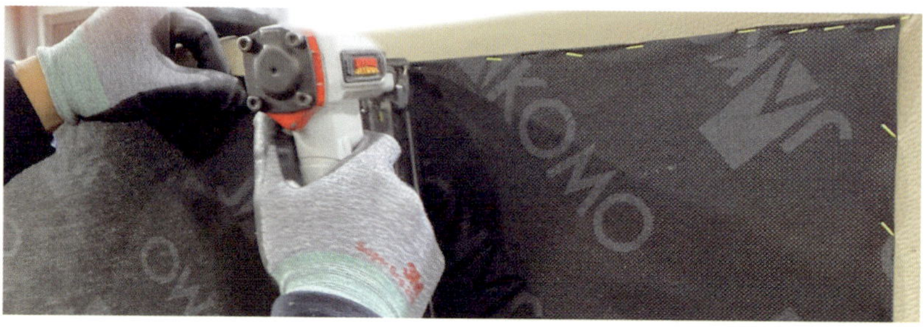

도 4.45 소파 바닥에 천으로 마무리하기

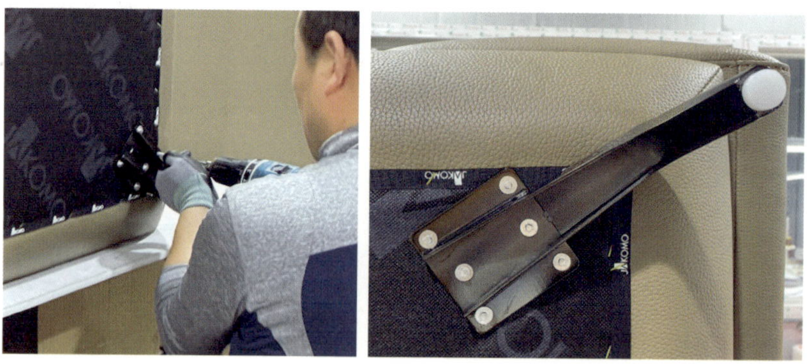

도 4.46 소파에 다리 달기

4) 목재 틀에 겉감 접착하기

목재에 스펀지가 부착된 소파 틀 위에, 바닥방석과 등방석이 밀리지 않도록 벨크로가 부착된 가죽을 씌어 완성한다. 바닥방석과 등방석에 가려져 보이지 않는 부분은 안감을 붙이며, 가죽을 소파 틀 밑으로 최대한 잡아당겨 타카로 고정시킨다. (도 4.43, 4.44)

5) 소파 바닥에 천 붙이기

소파 틀 하단에 내장재가 보이지 않도록 에어타카를 사용해 부직포를 부착한다. (도 4.45)

6) 다리 달기

핸드드릴을 사용해 나사로 소파 몸통에 다리를 부착한다. (도 4.46)

참고문헌

단행본

강신우. 2010.『가구디자인』. 미진사.

강춘원 · 오세창 · 조숙경. 2020.『친환경 실내건축재료학』. 전북대학교출판문화원.

김상권. 1997.『가구제작테크닉』. 조형사.

김영창. 2001.『재료와 가공』. 태학원.

문선옥 · 조숙경. 2014.『실용가구용어사전』. 경상대학교출판부.

정복상 외. 1999.『목칠가구』. 창지사.

조숙경. 2013.『독일가구디자인』. 기문당.

조숙경. 2015.『가구재료학』. 기문당.

조숙경. 2015.『한국현대가구사』. 기문당.

조숙경. 2019.『한국가구의 역사』. 미진사.

조숙경. 2021.『한국과 독일의 부엌가구』. 미진사.

Edla Colsman. 1999. *Möbel(Gotik bis Jugendstil)*. Museum für Angewandte Kunst Köln.

논문

문선옥. 2020.「캐노피 침대연구」. 한국가구학회지 Vol.31, No.4.

윤소희 외. 2018.「지속가능한 친환경 가죽소재에 관한 연구」. 한국디자인문화학회지 Vol.24, No.4.

산업통상자원부 무역위원회. 2016.「2016년 가구산업 경쟁력 조사」. 산업통상자원부 무역위원회.

도판목록

제1장. 소파 개론

제2장. 소파 재료

제3장. 소파의 역사

런던 빅토리아&알버트박물관

도 3.04 데이베드, 마호가니, 18세기, 필라델피아

도 3.05 러브 시트

도 3.06 카나페, 167.5×56.5×91.5cm, 1787년, 프랑스

도 3.07 뒤셰스, 루이 14세

도 3.08 카우치

도 3.09 체스터필드 소파

도 3.10 "마담 레카미에", 자크루이 다비드, 1800년, 캔버스에 유채, 174×244cm, 파리 루브르박물관

도 3.11 메리디엔느, 1765년

도 3.12 비더마이어 카우치

도 3.13 안지스크레, 19세기 말, 영국

도 3.14 아르누보 소파, 마호가니, 쿠션, 천, 1040×1240×600mm

도 3.15 턱시도 소파, 황동, 천, 쿠션, 2000×930×780mm

도 3.16 "F51", 발터 그로피우스, 1920년, 독일

도 3.17 "LC2", 르코르뷔지에, 1928년, 프랑스

도 3.18 "판타지 랜드스케이프", 베르너 팬톤, 1970년, 덴마크

도 3.19 "조", 데파스 더비노 로마치 스콜라리, 1970년, 이탈리아

도 3.20 "메릴린 소파", 스튜디오65, 1970년, 이탈리아

도 3.21 "프루스트 안락의자", 알레산드로 멘디니, 1978년, 이탈리아

도 3.22 "뉴욕선셋 소파"(밤 버전), 가에타노 페세, 1980년, 이탈리아

도 3.23 "타틀린 소파", 마리오 카나치 & 로베르토 샘프리니, 1989년, 이탈리아

도 3.24 "플랩 소파", 프란체스코 빈파레, 2000년, 이탈리아

도 3.25 "보아", 페르난도 & 훔베르토 캄파냐, 2002년, 이탈리아

도 3.26 "카우치", 슈테판 디즈, 2004년, 독일

도 3.27 "치프리아", 페르난도 & 훔베르토 캄파냐, 2010년, 이탈리아

도 3.28 "브람스 소파", 천연가죽, ㈜다우닝, 2020년

도 3.29 ㈜자코모, 2020년

제4장. 소파 실습

도 4.01 소파 공정

도 4.02 목재 준비

도 4.03 둥근톱에 목재 재단하기

도 4.04 띠톱에 목재 재단하기

도 4.05 재단된 목재 부품